La vita extraterrestre

Antonino Del Popolo

La vita extraterrestre

Non siamo soli

Antonino Del Popolo
Physics and Astronomy
University of Catania
Catania, Italy

ISBN 978-3-031-85178-0   ISBN 978-3-031-85179-7 (eBook)
https://doi.org/10.1007/978-3-031-85179-7

© The Editor(s) (if applicable) and The Author(s), under exclusive license to Springer Nature Switzerland AG 2025

This work is subject to copyright. All rights are solely and exclusively licensed by the Publisher, whether the whole or part of the material is concerned, specifically the rights of translation, reprinting, reuse of illustrations, recitation, broadcasting, reproduction on microfilms or in any other physical way, and transmission or information storage and retrieval, electronic adaptation, computer software, or by similar or dissimilar methodology now known or hereafter developed.

The use of general descriptive names, registered names, trademarks, service marks, etc. in this publication does not imply, even in the absence of a specific statement, that such names are exempt from the relevant protective laws and regulations and therefore free for general use.

The publisher, the authors and the editors are safe to assume that the advice and information in this book are believed to be true and accurate at the date of publication. Neither the publisher nor the authors or the editors give a warranty, expressed or implied, with respect to the material contained herein or for any errors or omissions that may have been made. The publisher remains neutral with regard to jurisdictional claims in published maps and institutional affiliations.

This Springer imprint is published by the registered company Springer Nature Switzerland AG
The registered company address is: Gewerbestrasse 11, 6330 Cham, Switzerland

If disposing of this product, please recycle the paper.

Introduzione

Esistono due possibilità. Siamo soli nell'Universo o non lo siamo. Entrambe sono sconvolgenti.
Arthur C. Clarke

Molti anni fa, in un paese di collina più vicino all'Africa che al resto d'Italia, in una sera tersa e calda d'estate guardavo il cielo, come facevo spesso. Allora gli astri erano molto meglio visibili di oggi. L'inquinamento luminoso sta rendendo sempre più difficile osservare le meraviglie che si stagliano sulla volta celeste. In quella bella sera, era visibile una striscia chiara, lattiginosa, un ponte sospeso nel firmamento: la *via lattea*, che deve il suo nome ad una delle storie della mitologia greca. Già sapevo che quella striscia lattiginosa non è altro che la manifestazione delle stelle della nostra galassia dislocate vicino al disco galattico. Immaginavo di poter camminare su quella sorta di ponte sospeso e potermi muovere fra mondi lontani, passando con un passo da un sistema stellare ad un altro. La realtà fisica ci limita, non ci permette di raggiungere la velocità della luce, non ci permette di raggiungere quei mondi lontani a meno di avere a disposizione tecnologie molto evolute e tempi molto lunghi a disposizione. La fantasia ci fa viaggiare per ogni dove della nostra galassia o dell'Universo, in tempi infinitesimi. La fantasia galoppando, mi portava a vedere in quella sterminata vastità bianca altri mondi, altri sistemi stellari coi loro pianeti, ed i loro abitanti indaffarati nelle loro attività quotidiane. Forse in qualcuno di quei pianeti era notte ed un altro essere vivente, sperduto in quell'immensità, guardava verso il cielo e immaginava come me che da qualche parte qualcuno osservasse il firmamento e si ponesse le sue stesse domande. Quei tempi molto giovanili (non erano passati molti anni da quando nel 1969

Figura 1 Jurij Gagarin. (Credit: Finnish Museum of Photography)

l'Apollo 11 aveva portato i primi uomini sulla Luna) erano tempi ferventi di idee legate al cosmo ed ai viaggi interplanetari, interstellari o intergalattici. In quegli anni erano molto seguiti, da noi ragazzini, telefilm come *Spazio 1999*, ed *UFO* ideati da Gerry e Sylvia Anderson. In *Spazio 1999*, la Luna staccatisi dalla sua orbita vagava nello spazio, ed i circa trecento abitanti della *Base Alpha* viaggiando nel cosmo incontravano nuovi pianeti e nuove forme di vite, alcune ostili altre amichevoli. Allora si pensava che l'uomo fosse destinato a viaggi interstellari in un futuro prossimo. A parte i libri e i film di fantascienza, la scienza spaziale si sviluppava grazie a tutta una serie di missioni. Nel 1957 l'Unione Sovietica aveva lanciato lo Sputnik 1, seguito da voli con equipaggi umani quali quello sul quale si trovava la cagnetta Laika. Pochi anni dopo, nel 1961, il cosmonauta Jurij Gagarin (Fig. 1) fu il primo essere umano a volare nello spazio esterno.

L'Apollo 11, come ricordato, portò i primi uomini sulla Luna nel 1969. Furono effettuate svariate altre missioni volte a raggiungere, sorvolare o fotografare i pianeti del nostro sistema solare. L'umore generale era quello che presto l'uomo avrebbe conquistato lo spazio e la cosa più interessante, che sarebbe potuto venire in contatto con civiltà extraterrestri. Sembra che la specie umana sia portata a pensare che ci sia vita ovunque e questo già sin dall'antichità. Aristarco di Samo, ed Epicuro, sviluppando idee di Leucippo e Democrito, nei secoli IV e III a. C. ipotizzavano che l'universo fosse pieno di mondi adatti ad ospitare la vita. Lucrezio, nel *De rerum natura* nel I secolo a. C. scriveva che era assurdo pensare che *mentre lo spazio si estende immenso e ovunque infinito, ... sia stato formato soltanto quest'unico globo terrestre, creato quest'unico cielo*. Tale tesi furono attaccate da quelle di Platone, nel Timeo, e da Aristotele che scrissero dell'unicità della Terra. Di opposta idea era Giordano Bruno che nel 1600 fu arso vivo per aver immaginato che esistesse un'infinità di altri mondi, altri pianeti, popolati da esseri coscienti. Persino nel pensiero popolare, legato alla religione, c'era e c'è la credenza che esistano creature non terrestri: gli angeli. Voltaire, nel 1752 scrisse il romanzo filosofico *Micromegas* nel quale descriveva forme di vita extraterrestri. Il personaggio principale, Micromega, alto 120 000 piedi vive su un pianeta della stella Sirio dal quale inizia viaggi verso altri mondi. Dal punto di vista astronomico le strutture osservate sulla Luna venivano interpretate come frutto dell'opera di una civiltà extraterrestre e similmente si speculava sull'esistenza di vita su Marte. Tali speculazioni furono alimentate dalle osservazioni dell'astronomo Schiaparelli e da alcuni suoi articoli. I *canali* da lui osservati nella traduzione inglese divennero *canals*, ossia canali costruiti da esseri viventi, invece di *channels*, ossia canali naturali. L'americano Percival Lowell sostenne l'idea che si trattasse di canali artificiali. Grazie ai libri di successo di Lowell scritti tra il 1895 ed il 1908 e al famoso romanzo di fantascienza *La guerra dei mondi* di H. G. Wells pubblicato nel 1898, il termine *marziano* diventò il sinonimo di extraterrestre e ci si convinse che su Marte ci fosse vita cosciente. Osservazioni di William Sinton alla fine degli anni '50 lo spinsero a scrivere degli articoli nei quali parlava dell'esistenza di piante su Marte. Solo con osservazioni con strumenti più accurati si comprese che le idee di Lowell non erano corrette, ed infine le immagini del Mariner 5 nel 1965 e del Mariner 9 nel 1971, fecero definitivamente chiudere ogni speculazione sui *marziani*. Il dibattito fu particolarmente acceso dopo la pubblicazione del libro *Of the plurality of Worlds: An Essay* da parte di William Whewell, nel 1853. Per un decennio si discusse dell'esistenza o meno di altri pianeti e la loro non osservazione portò a concludere che la Terra fosse l'unico pianeta nell'Universo e che la vita esiste solo su di essa. Nel 1950 Enrico Fermi, a pranzo con colleghi, ragionando sull'enorme numero di stelle dell'Universo e sul fatto che non si avevano segni di esistenza di civilizzazioni extraterrestri, pose la famosa domanda "dove sono tutti?", domanda che racchiude il cosiddetto *paradosso di Fermi*, e arriva alla conclusione che siamo soli. Quindi nei secoli si è oscillati fra tesi contrastanti. L'ubiquità della vita sulla Terra ci porta naturalmente a pensare che la nascita della vita sia qualcosa di automatico, confondendo fra i concetti della genesi della vita con quella della sua espansione.

Prima di Louis Pasteur, si credeva nella *generazione spontanea*. Stracci sporchi potevano generare topi e carne imputridita creare vermi. Quindi si pensava che generare la vita dal non vivente fosse una cosa facile. Gli esperimenti di Pasteur mostrarono che si trattava di credenze erronee. A mostrare come non sia facile creare la vita da materiale non vivente contribuì anche l'esperimento di Miller-Urey, del quale parleremo nel seguito ed esperimenti a questi successivi. L'entusiasmo degli anni '60 e del decennio successivo che immaginavano che l'uomo avrebbe presto viaggiato e conquistato nuovi mondi nel nostro Universo ed incontrato vita extraterrestre è un po' sfiorito, sia per i motivi ricordati sia per la comprensione che le distanze nell'Universo sono enormi. La stella più vicina, Proxima Centauri, si trova a 4,2 anni luce. Con la tecnologia attuale, con la quale ad esempio la sonda Parker Solar Probe riesce a viaggiare, ci vorrebbero circa 7100 anni per arrivarci. *Yuri Milner*, un magnate dell'IT israeliano, filantropo e fisico, *Stephen Hawking*, cosmologo e astrofisico e *Mark Zuckerberg* hanno fondato nel 2016 le *Breakthrough Initiatives*, generando un progetto di ricerca e ingegneria che si pone una serie di ambiziose finalità. Il programma è suddiviso in più progetti. *Breakthrough Listen* comprenderà uno sforzo per cercare segnali radio o laser artificiali in oltre 1 000 000 di stelle. Un progetto parallelo chiamato *Breakthrough Message* è uno sforzo per creare un messaggio rappresentativo dell'umanità e del pianeta Terra. Il progetto *Breakthrough Watch* mira a identificare e caratterizzare i pianeti rocciosi delle dimensioni della Terra attorno ad Alpha Centauri e altre stelle entro 20 anni luce dalla Terra. Nel progetto è anche incluso l'invio di una missione sulla luna di Saturno *Encelado*. Il progetto *Breakthrough Starshot* ha l'obiettivo di raggiungere Proxima Centauri in qualche decennio usando vele spaziali, grandi qualche metro quadrato, spesse qualche µm e pesanti pochi grammi, spinte da un potente laser emesso da Terra. Con questa tecnica si punterebbe ad arrivare su Alpha Centauri in 20 anni. Pensando a quando ero bambino mi rendo conto di quanti passi in avanti siano stati fatti, ma come si sa la conoscenza è come una bolla, più si allarga più viene a contatto con nuova superficie: più conosciamo e più ci resta da conoscere. Le fantasie che mi portavano a pensare che l'Universo fosse pieno di creature viventi più o meno strane e diverse da noi, mutuato dalla fantascienza dei miei anni giovanili, quando confrontata con le nostre conoscenze scientifiche attuali perde la sua vividezza. Fino ad oggi non abbiamo nessuna prova dell'esistenza di altra vita nell'intero Universo a parte quella sulla Terra, nonostante i tanti sforzi effettuati per avere almeno notizia attraverso qualche segnale radio che nell'Universo non siamo soli. A rinverdire le speranze è stata la scoperta dei pianeti extrasolari, gli *esopianeti*. Rispetto agli anni '60 e '70 oggi sappiamo che l'Universo è pieno di pianeti.

Solo nella nostra galassia ce ne potrebbero essere un centinaio di miliardi e stime attuali fanno pensare che ce ne sia almeno uno roccioso, di tipo terrestre, ogni cinque stelle come la nostra, ossia qualcosa come sei miliardi. Questi numeri crescono enormemente se si pensa che nell'universo ci sono centinaia di miliardi di galassie. In uno di questi pianeti potrebbe esistere la vita, primitiva o meno. La speranza che possa esistere vita extraterrestre ha persino originato una nuova scienza, l'*astrobiologia*, termine introdotto nel 1955 da Otto Struve. Si parla anche di *esobiologia*, ma questo termine non contempla la vita extraterrestre. Questa scienza è molto cresciuta dagli anni '60 ad oggi e nel mondo oltre la NASA ci sono molti centri che si occupano della vita in generale e di quella extraterrestre in particolare. L'*astrobiologia* si occupa di rispondere a domande quali: cos'è la vita? Domanda apparentemente banale ma alla quale non è facile dare una risposta. Come si è originata la vita sulla Terra? Esiste la vita extraterrestre? Come possiamo trovarla e nel caso fosse evoluta, come potremmo comunicare con le civiltà extraterrestri? La nostra natura ci ha portato per millenni a pensare di essere esseri speciali, che l'Universo fosse stato costruito per noi, una visione con l'uomo al centro, o *antropocentrica*, che la storia ci ha insegnato essere errata, e che il nostro ruolo nell'Universo non è centrale. Abbiamo scoperto, grazie a Copernico, che la Terra non è al centro del sistema solare, e più tardi che il Sole non è al centro della galassia e che la nostra galassia non è al centro dell'Universo. Sono dovuti passare secoli prima che questa verità, *il principio copernicano*, diventasse parte della nostra cultura. Questo principio ci spinge anche a pensare che non essendo esseri speciali è probabile che nell'Universo esistano altre forme di vita, o altre civiltà. Questa estrapolazione, sebbene naturale, potrebbe però non essere vera. Non sappiamo quanto sia difficile che la vita attecchisca su un pianeta, e per quanto sia grande il numero dei pianeti non possiamo essere sicuri che in qualche altro angolo sperduto dell'Universo la vita sia presente. Conosciamo solo la vita terrestre, ed estrapolare, deducendo che esistano altre forme di vita nell'Universo, potrebbe portarci su una strada sbagliata, o forse no. Quindi non ci resta che seguire i dettami della scienza e continuare a scrutare lo spazio con i mezzi tecnologici che abbiamo alla ricerca di qualche segnale inviato da qualche altra civiltà, ed allo stesso tempo usare la nostra tecnologia per studiare mediante sonde spaziali il nostro sistema solare, e per quanto riguarda i pianeti di altre stelle, potremmo studiare le loro atmosfere che potrebbero contenere segni dell'azione di qualche forma di vita. Potremmo rispondere così alla nostra domanda sull'esistenza della vita extraterrestre? Come vedremo nel seguito è probabile di sì. Se fossimo fortunati, potremmo trovare qualche forma di vita nel nostro sistema solare, ad esempio in alcuni satelliti dei pianeti giganti, o su Marte. Altrimenti bisognerebbe studiare i pianeti delle stelle della nostra galassia, o se fosse possibile quelle di tutte le altre galassie nell'Universo. Se consideriamo il numero di queste stelle esso è enorme: diecimila miliardi di miliardi, probabilmente 5 o 10 volte più di tutti i granelli di sabbie di tutte le spiagge terrestri. Ovviamente non c'è modo di studiarle tutte, ma anche considerando solo le stelle della nostra galassia, alcune centinaia di miliardi, sono troppe da studiare. Bisogna limitarsi alle stelle più vicine, ed in ogni caso esse sono un numero enorme. È proprio questa enormità che ci da buone speranze che su qualcuno dei tanti esopianeti ci sia la vita.

Indice

1. Figli delle stelle 1
2. Verso la complessità 7
3. Siamo extraterrestri? 15
4. La vita sulla terra 23
5. La vita nei vagabondi del cielo 37
6. L'universo e la vita 51
7. I nuovi mondi 61
8. C'è vita sui pianeti extrasolari? 77
9. Sciovinismo del carbonio? 87
10. Dove sono tutti quanti? 93
11. Il grande silenzio (cercando E.T.) 107
12. Non siamo soli 123
13. Epilogo 127

Appendice 1: DNA e sintesi delle proteine 129

Appendice 2: La nascita della vita sulla terra 133

Appendice 3: Dettagli sui pianeti abitabili 141

1

Figli delle stelle

Siamo fatti della stessa materia delle stelle.
Carl Sagan

Nel marzo del 1806, un oggetto insolito era caduto dal cielo sopra il villaggio di Valence nel sud della Francia. Era stato raccolto da contadini che lo avevano portato da scienziati per farlo analizzare. Avevano scoperto che conteneva acqua e materia organica, materia costituita da carbonio ed altri elementi. Parecchi anni più tardi, la meteorite fu portata nel laboratorio del famoso scienziato Louis Pasteur che la studiò per cercare di capire se contenesse qualche forma di vita. Egli non ne trovò alcuna forma ma confermò la presenza di materiale organico. Le meteoriti come quella di Valence costituiscono il 5% di tutte le meteoriti e si chiamano *condriti carbonacee*, perché contengono delle regioni sferoidali dette condruli e carbonio e composti di questo. Queste meteoriti si sono formate all'origine del sistema solare e sono importanti nella ricerca di vita extraterrestre che si suppone sia costituita da materia organica. Nel 1969, una meteorite simile, la meteorite di Murchinson, cadde in Australia. Dall'analisi risultò contenere elementi di base sui quali si fonda la vita: gli amminoacidi. Una domanda spontanea è che elementi chimici e che fenomeni si trovino nello spazio. La teoria più accreditata per la formazione dell'Universo è la teoria del Big Bang, che dice che l'Universo si formò circa 13,8 miliardi di anni fa da una regione piccolissima che iniziò ad espandersi velocemente. Dopo circa tre minuti dal Big Bang, si formarono gli elementi leggeri quali l'idrogeno che è il principale costituente dell'Universo, l'elio e qualche altro elemento leggero. Gli elementi più pesanti si formarono molto più tardi nelle stelle.

Comunque l'elio non si formò solo nell'Universo primordiale ma si forma continuamente nelle stelle, e fu proprio in una di esse, il Sole, che Joseph Norman Lockyer lo scoprì nel 1868. Il suo nome, *elio*, viene dal nome del Sole in greco, *helios*. Nelle stelle oltre l'elio si forma il carbonio e tutti gli altri elementi pesanti. La formazione del carbonio nelle stelle (e poi quella degli altri elementi) fu scoperta da Fred Hoyle. Nelle stelle tre nuclei di elio tentano di unirsi a formare il carbonio (nel cosiddetto *processo tre alfa*), ma la probabilità che si combinino per formare carbonio-12, nella forma quale lo conosciamo è quasi nulla. Hoyle suppose che nel processo detto in cui tre atomi di elio formano il carbonio, sia necessario che il nucleo di carbonio abbia un'energia molto particolare (tecnicamente si parla di *risonanza*). La grande quantità di carbonio nell'universo, che rende possibile l'esistenza di forme di vita di qualsiasi tipo basate sul carbonio, era la prova che questo stato energetico particolare del carbonio, detto oggi *stato di Hoyle*, doveva esistere. Sulla base di questa idea, Hoyle predisse i valori dell'energia, e di altri parametri dello stato composto nel nucleo di carbonio formato da tre *particelle alfa* (ossia nuclei di elio). L'esistenza di questo stato fu mostrato in sperimentazioni successive. La grande importanza di questa scoperta risiede nel fatto che grazie alla presenza di questo livello energetico si riesce a spiegare la grande produzione di carbonio-12 presente nelle *giganti rosse* (uno stadio dell'evoluzione stellare descritto nel Cap. 7), e che fa da anello di congiunzione tra la sintesi degli elementi chimici più leggeri e quelli più pesanti. Senza la presenza di tale livello energetico la produzione di carbonio-12 sarebbe circa 10^7 volte minore, in quanto il processo tre alfa, non potrebbe procedere per risonanza.

Per quanto riguarda l'esistenza di questo particolarissimo stato del carbonio Hoyle ebbe a dire:

> "Un'interpretazione dei fatti basata sul buon senso suggerisce che un superintelletto abbia giocato con la fisica, così come con la chimica e la biologia, e che non ci siano forze cieche di cui valga la pena parlare in natura. I numeri che si calcolano dai fatti mi sembrano così schiaccianti da mettere questa conclusione quasi fuori discussione."

e nel suo libro del 1983 *L'Universo Inteliggente*, Hoyle scrisse:

> "L'elenco delle proprietà antropiche, apparenti accidenti di una natura non biologica, senza i quali la vita basata sul carbonio e quindi quella umana non potrebbe esistere, è ampio e impressionante."

In altri termini, Hoyle precedeva l'idea che nell'Universo alcuni parametri sono finemente regolati, ossia se nell'Universo le costanti di natura non avessero il valore che hanno la vita come la conosciamo non sarebbe esistita. Punto di vista che fu poi ripreso da Robert H. Dicke, secondo il quale alcune forze, quali la gravità e l'elettromagnetismo devono essere finemente regolate perché esista la vita nell'Universo. Questi punti di vista portarono nel 1973 Brandon Carter alla formulazione del *principio antropico*, ma per discutere di questi aspetti servirebbe un altro libro.

Il carbonio è l'elemento principale per la formazione della vita come la conosciamo. Esso è capace con reazioni chimiche di costruire lunghe catene, legandosi prevalentemente all'idrogeno, che sono fondamentali per la vita e non solo. È il regno della chimica organica, che ha questo nome perché molti dei composti organici sono prodotti dagli esseri viventi. Ad esempio, un diamante è costituito da un gran numero di atomi di carbonio legati fra di loro. Il carbonio può formare anidride carbonica, ossia un atomo di carbonio può condividere due elettroni con glia atomi di ossigeno che formano l'anidride carbonica. Il carbonio forma anche il metano, costituito da un atomo di carbonio e quattro atomi di idrogeno attorno ad esso. L'atmosfera della Terra ai suoi primordi era costituita principalmente da questi due gas. Come abbiamo visto prima le condriti carbonacee che cadono dal cielo contengono carbonio e quindi anche lo spazio contiene il carbonio. Le stelle possono esistere proprio grazie alla trasformazione, in processi nucleari, di idrogeno in elio, elio in carbonio e così via fino al ferro. Quando si arriva a questo elemento, esso non viene fuso a formare elementi più pesanti perché richiede energia invece di produrla. Quando una stella è arrivata ad avere un nucleo di ferro è spacciata. La parte interna collassa e la stella esplode dando luogo ad una *supernova*, e le parti esterne vengono scagliate nello spazio formando un *resto di supernova* (Fig. 1.1).

Tutti gli altri elementi più pesanti del ferro vengono formati durante la fase di esplosione. Tali supernove disseminano nello spazio gli elementi che conosciamo. Le prime stelle che nacquero nell'Universo contenevano solo elementi leggeri (idrogeno, e elio) e poi formarono gli elementi più pesanti al loro interno e le disseminarono nello spazio. Da questo materiale si formarono altre stelle ed altre supernove. Servirono quindi miliardi di anni prima che l'Universo fosse dotato di abbastanza materiali pesanti da formare anche i dischi dai quali, come vedremo, nascono i pianeti. Questo spiega perché l'Universo ha 13,8 miliardi di anni ed il nostro sistema solare solo 4,5. Anche la vita necessita tutta una serie di elementi prima che possa apparire. Quindi le condriti carbonacee e le molecole organiche complesse si formarono nelle nubi interstellari. La grande presenza di carbonio nello spazio è anche testimoniato dal

Figura 1.1 Resto di supernova. (Credit: NASA, ESA, and STScI)

comportamento della stella R Coronae Borealis. La stella con periodo di poche settimane muta la luminosità. Questo è dovuto all'emissione di grandi nubi di fuliggine, un misto di sostanze organiche ed inorganiche. L'ossigeno, anch'esso formato nelle stelle, è la fonte dell'energia usata dalla vita. Sulla Terra è molto presente. Forma il 21% in volume dell'aria, ed è l'elemento più comune nel mantello terrestre. L'ossigeno è più pesante del carbonio, ma può formare meno composti di esso. Esso è molto reattivo, e ciò è fondamentale per la vita, almeno dopo 2 miliardi di anni dalla formazione della Terra. Prima la vita non usava l'ossigeno, ed il LUCA (Last Universal Common Ancestor, ossia l'Ultimo Antenato Comune Universale) che sarebbe una ipotetica cellula antenata comune, dalla quale si originò tutta la vita terrestre, probabilmente non scambiava ossigeno o gas con l'ambiente circostante. Infatti quando esso si lega con altri elementi, viene liberata energia, in grado di sostenere la vita in un organismo. L'ossigeno con l'idrogeno forma l'acqua un altro elemento fondamentale per la vita. L'ossigeno ed il carbonio formano l'anidride carbonica. Quando un composto che contiene carbonio entra in contatto con l'ossigeno ed esiste una forma di energia (e.g., calore) l'ossigeno molecolare si scinde in ossigeno atomico che combinandosi col carbonio dà origine all'anidride carbonica. Il processo opposto, ossia la liberazione di ossigeno dall'anidride carbonica necessita l'attività di organismi viventi. Si pensa che nei pianeti extrasolari, dei quali parleremo in seguito, non ci possa essere ossigeno molecolare o ozono a meno che non ci siano esseri viventi. Pertanto la ricerca di vita extraterrestre sui pianeti extrasolari va di pari passo alla ricerca dell'ossigeno nelle loro atmosfere. Ad esempio, quando sulla Terra apparve la vita vegetale, grazie alla fotosintesi clorofilliana praticata dalle piante, esse poterono scindere mediante l'energia solare il monossido di carbonio in ossigeno e carbonio riempiendo l'atmosfera terrestre di ossigeno, cosa che permise lo sviluppo della vita animale. Uno studio del 2024 ha mostrato che sul satellite di Giove, Europa, vengono generati circa mille tonnellate di ossigeno ogni 24 ore.

Questo, insieme ad altre osservazioni delle quali parleremo nel Cap. 5, si pensa che su Europa ci possa essere la vita. Anche su Ganimede c'è ossigeno ma non si pensa sia di origine biotica ma che sia prodotto per effetto delle radiazioni incidenti sulla superficie, che determinano la scissione in idrogeno e ossigeno di molecole di ghiaccio d'acqua presenti sulla superficie del satellite. Le proteine, componenti fondamentali della vita, contengono oltre al carbonio e all'ossigeno ed altri elementi, anche il 16% di azoto. Quindi anche l'azoto è fondamentale per la vita di tipo terrestre. L'azoto si lega a tre atomi di ossigeno formando l'ammoniaca che è un gas presente ovunque ci sia decomposizione di materia organica. Inoltre il 78% dell'aria è costituita da azoto molecolare. Un altro elemento importante per la vita è lo zolfo. È uno degli elementi essenziali per i vegetali, essendo componente dii alcuni aminoacidi e vitamine. Una delle ipotesi dell'origine della vita, come vedremo nel Cap. 4 è basata sullo zolfo ed il ferro nella profondità degli oceani. Nel 2017 dei ricercatori dell'Università di Trento hanno mostrato che i gruppi di ferro e zolfo alla base degli enzimi necessari alla vita potrebbero essere letteralmente fluttuati sopra i mari primordiali circa 4 miliardi di anni fa. A produrli sarebbero delle molecole primitive attivate dalla luce ultravioletta. Dunque l'ingrediente per la vita potrebbe essere il Sole insieme ai gruppi ferro-zolfo. Un altro elemento di interesse è il silicio, che come vedremo nel Cap. 9 è stato proposto come sostituto del carbonio, ossia è stata supposta l'esistenza di vita basata su tale elemento. Il silicio ha caratteristiche intermedie tra i metalli ed i non-metalli. Nel Cratere Meteorico dell'Arizona è stato rinvenuto un composto del silicio, cosa che mostra la sua presenza nello spazio. Il silicio legandosi all'idrogeno non può però formare lunghe catene, e strutture ad anello. Il silicio è molto più versatile. Anche i metalli hanno una importanza fondamentale per la vita. Ad esempio il ferro, oltre al fatto che potrebbe essere stato uno degli elementi iniziatori della vita sulla Terra, è uno dei costituenti dell'emoglobina che serve per il trasporto dell'ossigeno nel nostro corpo. I granchi usano, per la stessa funzione, il rame. Sodio e potassio sono fondamentali per il funzionamento del sistema nervoso, ed il calcio forma i denti, e le ossa. Anche lo zinco ed altri metalli sono fondamentali per il nostro buon funzionamento. In definitiva, gli atomi che compongono i viventi sono relativamente pochi rispetto a tutti quelli che si trovano nella tabella periodica e costituiscono il nostro universo: carbonio, idrogeno, azoto, ossigeno, fosforo, zolfo, con l'aggiunta di altri come sodio, calcio, potassio e fluoro. E poi abbiamo anche tracce di ferro, iodio, magnesio, zinco, selenio, rame, manganese, cromo, e molibdeno. Tutti questi elementi si sono formati nelle stelle, la cui esplosione li ha sparsi in giro per il cosmo. È proprio come sosteneva Carl Sagan: *siamo fatti della stessa materia delle stelle*.

2
Verso la complessità

Anche se disponessimo di un miliardo di scimmie che sappiano scrivere a macchina è quasi nulla la possibilità che esse riescano a scrivere correttamente, durante un periodo pari all'età dell'universo, anche una sola terzina di Dante...

Francis Crick

Cos'è la vita

Sin da bambino sono sempre stato affascinato dalle cose viventi, ma credo che tutti gli esseri umani lo siano. Mi piacevano molto i gatti e mi facevo una marea di domande sul loro comportamento, su come sono fatti, qual è la differenza tra un gatto ed un oggetto inanimato. La risposta allora sembrava banale: il gatto rispondeva quando lo accarezzavo, rispondeva alle sollecitazioni esterne, mentre un oggetto inanimato non faceva tutto ciò. Questa mia domanda su cosa sia la vita e che per me aveva una soluzione banale è una domanda che gli uomini si pongono da migliaia di anni ed ancor oggi non ne abbiamo una definizione precisa. Ad esempio, per Aristotele, gli esseri viventi, differentemente da quelle inanimate avevano tre tipi di anima: vegetativa, animale, e razionale (nel caso degli esseri umani). George Ernst Stahl ed altri, nel XVII secolo, definirono la dottrina del *vitalismo*. Secondo i vitalisti gli organismi viventi si differenziano da quelli non viventi perché sono dotati di elementi non fisici ed inoltre pensavano che la materia organica, della quale siamo costituiti, non poteva derivare da quella inorganica, della quale sono costituiti gli esseri non viventi.

In realtà oggi sappiamo che queste idee erano sbagliate e che ad esempio il materiale inorganico si può trasformare in organico. I tentativi di definire cos'è la vita non si sono certo fermati a Stahl. Molti scienziati si sono cimentati nella definizione della vita, ma se leggiamo un libro di biologia moderno invece di leggere una breve definizione troviamo un elenco di proprietà della vita: *l'ordine, la crescita, la reazioni agli stimoli, la riproduzione, l'evoluzione, il metabolismo, l'autopoiesi*, ecc. Questo elenco, come altri non riesce a catturare tutte le caratteristiche degli esseri viventi escludendo ciò che viene considerato inanimato. Per fare qualche esempio, possiamo considerare i cristalli che sono organizzati e allo stesso tempo crescono, ma noi non crediamo che siano esseri viventi. Se consideriamo i batteri possono essere inattivi per lunghi periodi, ma non sono morti. Per quanto riguarda la risposta agli stimoli, non è una capacità limitata agli organismi viventi, ma anche ad alcune macchine progettate dall'uomo. Neanche la riproduzione definisce un essere vivente. Alcuni esseri viventi non possono riprodursi da soli. Ad esempio i muli, sono sterili ma sono esseri viventi. La *Turritopsis nutricula* o medusa immortale, non si riproduce, ma la consideriamo viva. L'altro aspetto elencato, l'evoluzione, nel senso di memorizzare le informazioni in molecole quali il DNA o l'RNA, dei quali parleremo, e di trasmettere le informazioni alla prole, sono capacità uniche degli esseri viventi, e per questo molti biologi hanno provato a definire la vita basandosi sul concetto di evoluzione. Per Carl Sagan l'elemento che caratterizza la vita è l'evoluzione, ed è nota la sua affermazione secondo la quale *la vita è un sistema capace di evolvere mediante selezione naturale*. In questa definizione rientrano anche la *vita artificiale*, ossia delle entità informatiche che si replicano ed evolvono sotto pressioni selettive virtuali. Ora la gran parte delle persone non accetta l'idea che questa sia *vera vita*. Oltre questo problema, esiste un altro problema di carattere pratico nel riconoscere l'attivazione di un processo evolutivo, perché è necessario osservare il sistema per un periodo di migliaia di anni. Inoltre, gli individui sterili come i muli, i celibi, ed in generale un individuo singolo non può riprodursi, quindi non entra nel gioco dell'evoluzione e quindi sarebbe un essere non vivente. Al contrario, secondo la definizione di Sagan, i virus sarebbero essere viventi, ma gran parte della comunità scientifica non li considera tali. Definire la vita sembra proprio difficile, neanche l'evoluzione, sebbene intimamente legata alla vita è sufficiente al suo riconoscimento. Gerald Joyce dello Scripps Research Institute e consulente del programma di esobiologia della NASA, diede una definizione operativa che generalizzava quella di Sagan: un essere vivente è *un sistema chimico autosostenuto in grado di sperimentare l'evoluzione darwiniana*. Anche questa definizione non è priva di inconvenienti. Ad esempio un verme parassita che vive nell'intestino di una persona, nonostante abbia tutte le informazioni genetiche per riprodursi non potrebbe farlo senza le cellule dell'intestino da cui prende l'energia necessaria alla sua sopravvivenza. Quindi non sarebbe un essere vivente. Cosa possiamo dire relativamente al *metabolismo*, ossia l'insieme delle trasformazioni chimiche che si dedicano al mantenimento vitale all'interno delle cellule degli organismi viventi, relativamente alla distinzione di esseri viventi da quelli non viventi? Per Margaret Boden, esperta in intelligenza artificiale, sarebbe proprio il metabolismo a distinguere gli esseri viventi naturali da quelli dotati di vita artificiale e dai virus. Comunque se per metabolismo si intende lo scambio di materia ed energia, allora esso è anche una proprietà del fuoco o dei tornado. Un altro concetto al quale è stata legata la vita è l'*autopoiesi*, ossia la capacità dell'essere vivente di mantenere la propria individualità. Humberto Maturana e Francisco Varela, hanno identificato un essere vivente come un sistema autopoietico. La definizione di vita come sistema autopoietico data nel 2000 da Varela è un po' troppo astratta, tanto da considerare la vita artificiale come vita vera ed inoltre ha il problema che elude gli aspetti evolutivi della vita.

Definire cosa sia la vita sembra essere un'impresa disperata. Sembra essere un concetto chiaro a tutti, ma definirlo è cosa complessa. Questa situazione ricorda quella in cui si trovò sant'Agostino nel tentativo di definire il tempo. Nelle sue Confessioni scriveva: *Se nessuno me lo chiede, lo so; se dovessi spiegarlo a chi me lo chiede, non lo so più*. Le definizioni date negli anni da svariati scienziati hanno la caratteristica che possono essere o troppo concrete o troppo astratte. Nel primo caso vengono favoriti i falsi negativi, ossia si può giudicare un sistema vivente come non vivente. Nel secondo caso accade il contrario si può giudicare un sistema non vivente come vivente. Specialmente per chi si appressa a cercare prove della vita nello spazio è fondamentale definire cosa sia la vita. Ciò è importante perché è necessario per il riconoscimento di qualsiasi tipo di vita, non solo quella che conosciamo e che esiste sulla Terra. Il problema è che a quanto pare non sembra esserci un marcatore, o meglio un *biomarcatore*, semplice che ci permetta di riconoscere la vita e la cui assenza ci porti a scartare l'esistenza della stessa. Forse il problema è concettuale, perché non è facile definire una cosa che ancora non abbiamo compreso del tutto. Questa discussione vale per la vita in generale, ma se da qualche parte nel nostro sistema solare o su qualche pianeta esterno ad esso incontrassimo vita terrestre, probabilmente riusciremmo a riconoscerla usando qualcuna delle sue caratteristiche esclusive, quali ad esempio il DNA. Se ci imbattessimo in una forma di vita differente da quella terrestre potremmo non renderci conto che si tratta di vita. Mentre è teoricamente inviare delle sonde su alcuni satelliti del sistema solare sui quali potrebbe esserci la vita e ripetere analisi come quelle delle sonde Viking su Marte nel 1976, per pianeti fuori dal nostro sistema solare, potremmo solo studiare le loro atmosfere e cercare di trarre delle conclusioni. Ad esempio l'allontanamento dall'equilibrio caratteristico della vita, che influenza le atmosfere dei pianeti. L'allontanamento dall'equilibrio è una condizione necessaria per la comparsa della vita, che poi può cambiare le atmosfere e portare a relazioni di concentrazioni dei gas. Un altro marcatore di presenza della vita è l'alto livello di ordine. Quest'ultimo non è comunque facile da valutare. Tutto questo nel caso la vita nascesse sulla superficie di un pianeta, ma se fosse una vita sotterranea potrebbe accadere che non si osservino i marcatori detti. Rilevare segni di vita su un pianeta lontano è ovviamente complicato. Non dobbiamo comunque scordarci che fino a quasi trent'anni fa non sapevamo neanche se ci fossero pianeti extrasolari e sebbene scoprire un pianeta intorno ad una stella non sia facile, ci siamo riusciti. Questo ci invita a guardare al futuro della ricerca della vita nello spazio in maniera ottimistica.

Il motore della vita

Sebbene, come abbiamo visto sia è difficile dare una definizione generale di cosa sia la vita, esistono dei marcatori che, escludendo casi particolari come i virus, ci fanno dire se ci troviamo in presenza di un oggetto vivo o meno. La vita è caratterizzata da reazioni particolari descritte da Linus Pauling nel suo testo *General Chemistry*. Una pianta o un animale possono riprodursi e generare una progenie appartenente alla stessa specie. Le reazioni chimiche possono modificare anche un oggetto non vivente come un minerale, ma esso non è in grado di riprodursi come un essere vivente. Gli esseri viventi, come abbiamo visto hanno un metabolismo: assumono del cibo, e mediante reazioni chimiche ottengono energia ed espellono i prodotti di rifiuto. Pauling si rendeva conto che c'erano delle difficoltà a definire la vita e che c'erano dei casi limite quali i virus. I virus delle piante possono replicarsi, usando il materiale genetico delle piante, ma non possono muoversi o ingerire cibo ed avere un metabolismo. Non possono essere considerati forme di vita ma in ogni caso sono esseri complessi. Una caratteristica degli esseri viventi è che sono costituiti di cellule. Un batterio è costituito da una sola cellula. Piante ed animali sono costituiti da molte cellule ed inoltre cellule di diverso tipo. Una cellula è fondamentalmente costituita da *proteine*, molecole molto grandi, ed acqua. Le molecole hanno un peso equivalente a migliaia fino a centinaia di migliaia di atomi di carbonio. Il nostro corpo è costituito da diversi tipi di proteine, ognuna delle quali ha funzioni vitali differenti. A loro volta le proteine sono composti da *amminoacidi*, acidi organici. I composti organici si presentano in due forme, l'una è l'immagine speculare dell'altra. Si parla di molecole destrorse (e le si indica con D) e sinistrorse (e le si indica con L). Per visualizzare quest'aspetto si può pensare alle nostre mani, quella destra e quella sinistra. Esse sono uguali, ma non si sovrappongono. L'immagine della mano destra allo specchio è uguale a quella sinistra e viceversa. Gli amminoacidi esistono sia nella forma D che L, eccetto un aminoacido, la *glicina*. Invece le proteine contengono solo la forma L degli aminoacidi, cosa a dir poco strana. Se le reazioni chimiche che producono i composti chimici degli organismi viventi avvenissero in maniera casuale, ci si aspetterebbe che gli organismi viventi siano costituiti da metà di aminoacidi di forma L e metà di forma D, ma ciò non accade. Le proteine sono costituite da lunghe catene di aminoacidi che vengono dette *catene polipeptidiche*. Esistono delle tecniche che permettono di contare il numero di catene polipeptidiche che formano una proteina e ad esempio si trova che servono quattro catene polipeptidiche per formare l'emoglobina. Le proprietà chimiche di una proteina dipendono dalla sua struttura tridimensionale, ma i chimici, fino al 1950, non sapevano come determinare la forma tridimensionale delle catene costituenti una proteina. Usando la diffrazione dei raggi X, Linus Pauling riuscì a determinare la struttura di una catena polipeptidica. Esse erano costituite da atomi di carbono, azoto, idrogeno e ossigeno che costituivano dei filamenti con una struttura a spirale. I filamenti erano avvolti verso l'alto in senso orario ed altri in senso opposto. Gli amminoacidi nelle catene erano comunque tutti di tipo L. Un problema che restava e resta aperto è come si passasse dagli aminoacidi e dalle proteine alla vita. Parleremo degli studi sull'argomento in un capitolo successivo. Nel 1951 James D. Watson e Francis Crick scoprirono la struttura della molecola della vita, il DNA, ossia l'*acido desossiribonucleico*. Tale molecola è l'unica capace di replicare se stessa e come conseguenza permette ad un organismo di crescere e produrre una discendenza. Watson, ripensando alla scoperta di Pauling dell'elica delle proteine, concluse che anche il DNA avesse una struttura simile. La determinazione della struttura spaziale di una molecola organica è fondamentale per capire il suo comportamento. Le fotografie della diffrazione dei raggi X sul DNA davano indicazioni sulla sua struttura, ma non complete. Comunque, l'idea di Watson, come detto era che la struttura fosse a forma di elica. Del DNA si sapeva che tale molecola conteneva una grande quantità di informazioni. Il problema era capire come tali informazioni venivano codificate e come venivano lette per poi costruire un essere vivente. L'analisi chimica aveva mostrato che la molecola era costituita da zucchero, fosforo, e azoto. Ci volle molto lavoro per confermare che la struttura del DNA era a doppia elica (Fig. 2.1). Watson e Crick ottennero il premio Nobel nel 1962 per aver scoperto quella struttura. I due filamenti dell'elica erano avvolti l'uno intorno all'altro e ciascun filamento era costituito da unità ripetitive, detti *nucleotidi*,

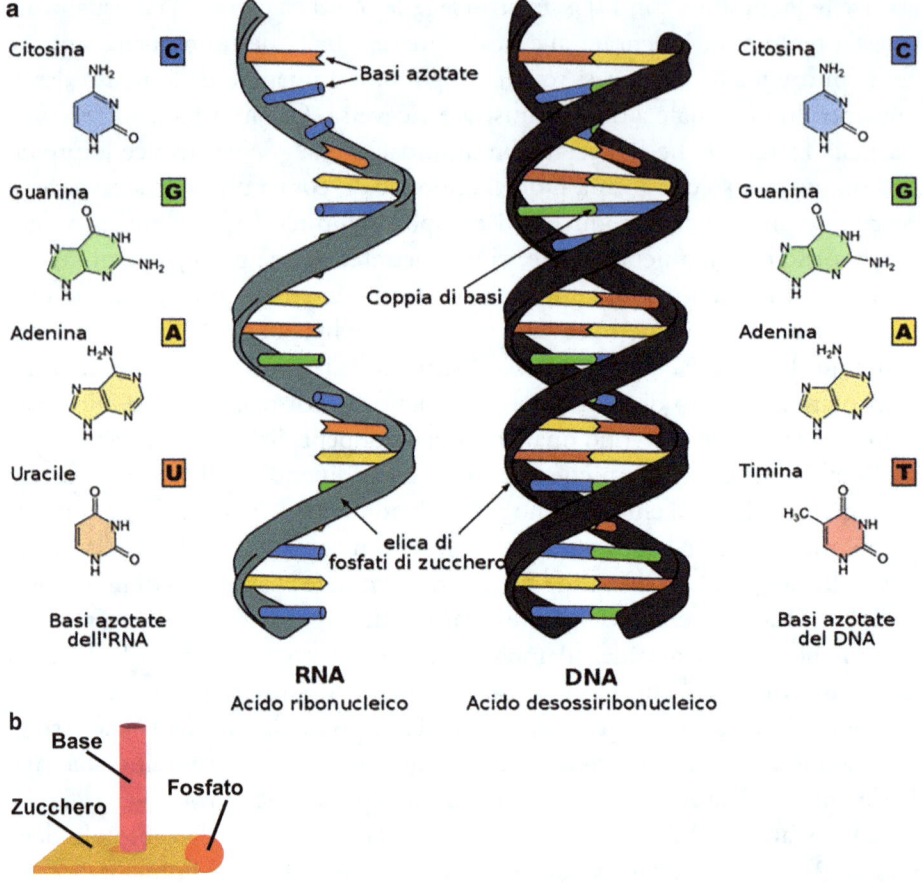

Figura 2.1 **a** Acidi nucleici: RNA e DNA. **b** Nucleotide. (Credits: A. Del Popolo: God or Science?: Is Science Denying God? World Scientific)

costituite da uno zucchero (il desossiribosio), uno o più gruppi fosfati ed una *base azotata*. Nel DNA ci sono quattro basi azotate: la Timina (T), la Citosina (C), l'Adenina (A), e la Guanina (G).

Visto che le basi azotate sono 4, anche il numero di nucleotidi è 4. Il codice genetico dell'individuo è scritto nel DNA mediante una combinazione di queste quattro molecole. L'adenina, (A), si lega solo alla timina, (T), e la citosina (C) solo alla guanina (G). Le sequenze di nucleotidi formano i *geni* che contengono l'informazione completa per una data proprietà.

La sequenza completa di nucleotidi che compone il nostro patrimonio genetico viene detto *genoma* che è costituito da circa 50 000 geni, corrispondenti ad una lunghezza di 3,5 miliardi di "lettere". Una domanda che sorge a questo punto fu: come avviene la trasmissione delle caratteristiche del DNA da una generazione all'altra? Semplificando la discussione, il DNA si distende in tutta la sua lunghezza e si apre come una cerniera. L'informazione scritta sul DNA viene copiata su un altro acido nucleico simile al DNA, detto RNA e costituito solo da un filamento. A questo RNA che contiene l'informazione del DNA trascritta su di esso, si dà il nome di *RNA messaggero (mRNA)*. L'*RNA messaggero* si sposta fuori dal nucleo cellulare e li viene letto da organelli detti *ribosomi* costituiti anche da un altro RNA, detto *RNA ribosomiale* (rRNA). In questa maniera viene sintetizzato ciascuno dei filamenti del DNA che infine si riuniscono formando una copia del DNA originale. Nel processo di lettura dell' *RNA messaggero* vengono prodotte le proteine. Per codificare i 20 aminoacidi usati per la costruzione delle proteine vengono usati i 4 nucleotidi del DNA. La codifica dei 20 amminoacidi può avvenire in quanto gli amminoacidi vengono determinati da triplette di nucleotidi, con 64 possibili combinazioni di triplette. **Chi sia interessato a maggiori dettagli sul DNA e la produzione delle proteine può trovare maggiori dettagli nell'Appendice 1.**

Il DNA è contenuto nel nucleo della cellula e nei mitocondri, degli organelli che funzionano come centraline energetiche delle cellule. Il DNA "dice" alla cellula cosa fare. Dice alla cellula come metabolizzare lo zucchero per estrarne energia, come eliminare i prodotti di rifiuto, quando e come dividersi per darlo luogo alle cellule figlie. Il DNA contiene tutte le informazioni che determinano le caratteristiche di una specie. Quando due individui si accoppiano, il DNA contenuto nei geni determina il modo in cui le informazioni relative all'individuo si trasmetteranno alla nuova generazione. Il DNA è quindi la molecola base della vita, ed è naturale porsi la domanda da che cosa e come abbia avuto origine sulla Terra primordiale. Da semplici reazioni casuali fra atomi? La complessità dell'origine della vita e del DNA portò Francis Crick a concludere

> "Il meccanismo necessario per rendere operante il codice genetico, che è universale, è troppo complesso per essere nato in un colpo solo. Un uomo qualsiasi col suo bagaglio di conoscenze oggi a nostra disposizione, potrebbe affermare solo che l'origine della vita sembra allo stato presente appartenere all'ordine del miracolo, tante sono le condizioni che dovrebbero trovarsi riunite per poterla realizzare."

Come vedremo nei seguenti capitoli, nessuno è riuscito a spiegare l'origine della vita e del DNA sulla Terra, ma sono stati fatti notevoli passi in avanti per comprenderla. Inoltre la vita apparve solo alcune centinaia di milioni di anni dopo che la Terra si era raffreddata. Crick insieme al collega Orgel pensavano che questo periodo non fosse sufficiente per la nascita della vita. I due partendo da speculazioni sul codice genetico si erano convinti della difficoltà ed improbabilità della formazione del DNA nei tempi detti. Secondo loro la vita era nata in tempi più lunghi in qualche parte dell'Universo e che fosse poi stata trasportata da una forma di vita intelligente in grado di viaggiare nello spazio. Tale ipotesi è indicata di solito col termine di *panspermia guidata*. Un'altra possibilità, più naturale, è che la vita sia stata trasportata sulla Terra da oggetti celesti. L'idea della panspermia, sostenuta da alcuni fisici, ha perso un po' del suo appeal iniziale, comunque non è stata ancora esclusa e perciò ne parleremo nel prossimo capitolo.

3

Siamo extraterrestri?

L'universo è un sito abbastanza grande. Se siamo solo noi, sembrerebbe una vera e propria perdita di spazio.

Carl Sagan

Svante Arrhenius propose nel 1906 una nuova teoria della formazione della vita. Secondo lui la vita non era nata sulla Terra ma era giunta dallo spazio. Degli organismi unicellulari secondo lui, avrebbero percorso per milioni di anni gli spazi siderali per raggiungere la Terra. La spinta che le farebbe viaggiare nello spazio sarebbe la pressione di radiazione della luce stellare. Giunti su un pianeta esse potrebbero dare origine alla vita e a forme di vita superiore guidata dall'evoluzione darwiniana. L'idea che portò Arrhenius a queste conclusioni fu l'osservazione che i microorganismi terrestri potessero raggiungere la stratosfera e potessero raggiungere lo spazio. Era quindi possibile anche che da un pianeta sul quale era presente la vita questa avesse raggiunto la Terra o altri parti dell'Universo. L'ipotesi di Arrhenius prende il nome di *panspermia* (dal greco, "seme comune"). Alcuni decenni più tardi, negli anni sessanta, Carl Sagan fu attratto da questa idea. A conferma dell'ipotesi di Arrhenius erano stati trovati microorganismi nella stratosfera. Sagan costruì un modello matematico, basato sulla pressione di radiazione della luce solare e sulla forza gravitazionale del Sole e descrisse, insieme a Josif S. Shklovskii, i risultati in un libro del 1966: *Intelligent life in the Universe*. Se queste due forze si eguagliano, l'organismo resta nello spazio. Se la forza gravitazionale è maggiore di quella della radiazione l'organismo cade sul Sole. Se la pressione di radiazione della luce è maggiore di quella della forza gravitazionale, l'organismo si muoverà via dal sistema solare fino allo spazio interstellare. Il modello forniva anche le dimensioni di questi microorganismi che avrebbero avuto un raggio tra 0,2 e 0,6 millesimi di millimetro, dimensioni tipiche delle spore di funghi e batteri. Questi microorganismi avrebbero impiegato qualche anno ad uscire dal sistema solare e qualche decina di migliaia di anni per raggiungere ad esempio Proxima Centauri, la stella più vicina. Un microorganismo di raggio inferiore a due millesimi di millimetro se si avvicinasse abbastanza al sistema solare entrerebbe in esso e nel suo moto potrebbe depositarsi sui pianeti, quali ad esempio la Terra. Sagan calcolò anche la distanza dalla quale i microorganismi che avrebbero potuto dare origine alla vita sulla Terra. Sarebbero partiti da qualche sistema planetario ad una distanza non superiore a seimila anni-luce. La domanda successiva era se un microorganismo potesse sopravvivere migliaia di anni nello spazio e poi arrivato su un pianeta attivarsi e diffondere la vita. In vicinanza del Sole la radiazione ultravioletta ed X possono distruggere microorganismi non protetti, se essi si fossero trovati all'interno di una meteora forse avrebbero potuto resistere. Nel caso di spore interstellari esse potrebbero resistere ai raggi cosmici per centinaia di milioni di anni. Un altro problema è che la probabilità che un microorganismo cada su un pianeta, le cui dimensioni sono molto piccole rispetto alla scala dello spostamento del microorganismo, è molto bassa. Sarebbe necessario che una gran quantità di microorganismi fossero espulse nella nostra galassia per lunghi periodi di tempo.

Bjurakan

Nel 1971 fu organizzato una conferenza a Bjurakan, in Armenia, che doveva trattare l'argomento della comunicazione con esseri intelligenti extraterrestri. Carl Sagan, Frank Drake, del quale parleremo in seguito, e Phillip Morrison che aveva scritto con Giuseppe Cocconi nel 1959 l'articolo *Searching for Interstellar Communications*, parteciparono alla conferenza. C'era anche Crick, interessato alla vita nello spazio. Dopo gli studi sul DNA era arrivato alle conclusioni descritte nel capitolo precedente, ossia l'estrema difficoltà che il DNA si formasse da processi casuali sulla Terra. A questo si aggiungeva il fatto che secondo lui la Terra era troppo giovane perché si fosse verificato un evento così raro come la nascita del DNA. Inoltre bisognava aggiungere che la vita si era formata solo dopo alcune centinaia di milioni di anni che la Terra si era formata. Da tecniche di datazione scientifica si era arrivati a concludere che la vita fosse presente sulla Terra già 3,9 miliardi di anni fa, ossia 600 milioni di anni dopo la formazione della Terra. In accordo con Hoyle, Crick pensava che questo fosse un tempo decisamente breve per la formazione del DNA. Quindi la panspermia era una via di uscita dal problema. Il DNA si sarebbe potuto formare in qualche altro luogo dove avrebbe avuto il tempo necessario. Oggigiorno si contesta la tesi che 600 milioni di anni siano un periodo troppo breve per l'origine della vita, poiché non sappiamo se in presenza di catalizzatori, la formazione casuale di RNA e DNA sia veloce oppure no. Crick insieme a Leslie Orgel presentarono l'idea dell'origine extraterrestre della vita, mentre Sagan giocò il ruolo dell'avvocato del diavolo, difendendo la posizione che ciò non fosse possibile, per il problema delle radiazioni ed inoltre rigettò l'idea di Crick che la formazione del DNA fosse un evento rarissimo. La conferenza non arrivò a conclusioni precise a favore o contro la panspermia. Sempre Crick e Orgel, partendo da speculazioni sul codice genetico, si erano convinti come già detto, della difficoltà ed improbabilità della formazione del DNA. La produzione di un sistema vivente, secondo loro era un evento molto raro, ma che una volta avviato in qualche parte dell'Universo esso poteva essere stato diffuso da una forma di vita intelligente in grado di viaggiare nello spazio. Tale ipotesi è indicata di solito col termine di *panspermia guidata*.

ALH84001

Ci sono prove che la vita sulla Terra sia potuta nascere grazie alla panspermia? Per rispondere ricordiamo un evento avvenuto nel 1984: il rinvenimento di un meteorite ad Allan Hills in Antartide, oggi noto come ALH84001 (ossia Allan Hills 84001) (Fig. 3.1).

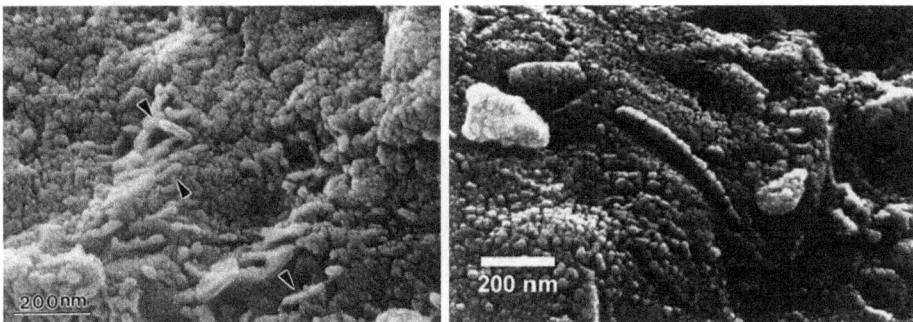

Figura 3.1 Struttura a catena morfologicamente simile a organismi di natura biologica su un frammento del meteorite ALH84001, visto al microscopio elettronico. (Credit: Nasa)

La ricercatrice che rinvenne il meteorite pensò inizialmente che si trattasse di un aerolito. Portato negli Stati Uniti, il meteorite per un decennio non fu preso in considerazione, fin dopo le missioni Viking della NASA del 1976 su Marte. Le analisi mostrarono che le bolle d'aria interne ad esso avevano la stessa composizione dell'atmosfera di Marte e nel 1993 si arrivò a concludere che la meteorite si era originata su Marte. L'ipotesi sul suo arrivo sulla Terra è che 15 milioni di anni fa Marte sia stato colpito da un asteroide e che frammenti del suolo marziano siano stati scaraventati nello spazio. ALH84001 era uno di quei frammenti che dopo aver vagato per 15 milioni di anni era caduto sulla Terra, circa 13 000 anni fa. Il gas in ALH84001 era in perfetto accordo con i dati delle Viking. Nel 1994 la meteorite fu consegnata a David McKay del Johnson Space Center della NASA. Gli studi portarono a concludere che la roccia si fosse formata 4,5 miliardi di anni fa sotto la superficie di Marte. Furono rinvenute molecole organiche, gli *idrocarburi aromatici policiclici* che si formano quando muore un microorganismo. Con un microscopio elettronico fu scoperto che in ALH84001 era presente magnetite e pirrotite che è anch'essa prodotta da microorganismi. Oltre questo furono osservati dei canali e piccoli tubi che potrebbero essere stati creati da organismi viventi. Mettendo insieme tutte queste evidenze il gruppo di McKay arrivò a concludere che il meteorite contenesse vita marziana e nel 1996 il presidente degli U.S.A. Bill Clinton annunciò ufficialmente alla televisione la scoperta e parlò di "una scoperta potenzialmente epocale". Le prove fornite dalle Viking che circa 3,6 miliardi di anni fa su Marte ci fosse acqua e quindi era possibile che ci fosse la vita, davano maggiore credibilità alle conclusioni del gruppo di McKay. L'annuncio del 1996 diede nuovamente vigore all'idea della panspermia. Quanto accadde al sasso su Marte, la sua successiva deriva per 15 milioni di anni nello spazio e la caduta sulla Terra rispondevano a tutte le obiezioni contro la panspermia. L'obiezione di Sagan al congresso di Bjurakan che la radiazione avrebbe ucciso i microorganismi non valeva per quelli che si erano trovati in ALH84001. Se i microorganismi si trovavano abbastanza in profondità la radiazione non li avrebbe uccisi. Rimane però un altro problema. Se guardiamo il cielo ogni tanto osserviamo delle scie luminose prodotte da meteore che entrando nell'atmosfera terrestre si scaldano e bruciano. La stessa cosa era dovuta succedere a AlH84001 quando fu scaraventata nello spazio da Marte. Infatti le bolle in ALH84001 si formarono quando esso fu riscaldato ad alte temperature intrappolando gas atmosferici. All'arrivo sulla Terra esso fu nuovamente riscaldato ad alte temperature, quindi l'alta temperatura avrebbe ucciso ogni forma di vita. Quelle trovate dagli scienziati nel meteorite sono solo tracce di vita precedente. Questo problema può essere risolto solo se il meteorite fosse costituito da materiale resistente al calore o se le dimensioni fossero molto maggiori di

ALH84001. ALH84001 non aveva però smesso di stupirci. Nel 1998 A. J. T. Jull usò la tecnica del radiocarbonio sul meteorite. Tale tecnica fu inventata negli anni quaranta da W. F. Libby e perfezionata nel 1993 da Minze Stuiver e colleghi che calibrarono la tecnica usando gli alberi, ossia la tecnica di datazione basata sul conteggio degli anelli di crescita nel tronco. Il metodo del radiocarbonio si basa sul seguente principio. L'atmosfera è costantemente bombardata dai raggi cosmici che frantumano gli atomi di azoto della parte alta dell'atmosfera e formato atomi di carbonio radioattivo, carbonio-14. Il carbonio-14 raggiunge il suolo e viene assorbito dagli esseri viventi che lo assumono col cibo. Insieme al carbonio-14 essi assorbono il carbonio-12 e l'isotopo carbonio-13. Quando un animale muore smette di assumere carbonio, ed il carbonio-14 continua il suo decadimento dando luogo ad elementi non radioattivi. Dopo 5730 anni (tempo di dimezzamento del carbonio 14) sarà svanita metà della radioattività presente nell'animale quando era in vita. Dopo altri 5730 anni sarà rimasta un quarto della radioattività originaria, ecc. In questa maniera si può datare il tempo di morte dell'animale. Jull applicò la tecnica a frammenti di ALH84001. Bruciò frammenti del meteorite ed ottenuti i risultati della combustione degli idrocarburi nella meteorite, isolò il carbonio. Jull isolò anche il carbonio presente nel carbonato di calcio inorganico che faceva parte del meteorite. Il rapporto del carbonio-14 al carbonio-12 e -13 era identico a quello che si trova nel carbonio terrestre, ma tale rapporto era diverso da quello del carbonato che proveniva molto probabilmente da Marte. La conclusione fu che gli organismi nella meteorite vi erano entrati durante la permanenza in Antartide. Si poteva solo concludere che il meteorite era arrivato da Marte, ma non si poteva dire niente di conclusivo sulla vita su Marte. Se le cose stanno così, ALH84001 non ci dà informazioni sulla panspermia. Quello di cui siamo sicuri è che di certo non mancano i "messaggeri" cosmici che possono portare microorganismi da un sistema solare ad un altro.

Messaggeri cosmici

Il nostro sistema solare, oltre ai pianeti che lo compongono, è composto da oggetti più piccoli. Nel 1801 l'abate valtellinese Giuseppe Piazzi, allora direttore dell'Osservatorio di Palermo, scoprì il pianeta nano Cerere ed in seguito fu scoperta nei dintorni tutta una fascia occupata da asteroidi. Questa fascia si originò durante la fase di formazione del sistema solare. Probabilmente la presenza di Giove ad alcune unità astronomiche perturbò la zona e non si riuscì a formare un pianeta come gli altri, oppure la materia nella zona in cui si trova Cerere era troppo poca per formare un altro pianeta. Gli asteroidi sono

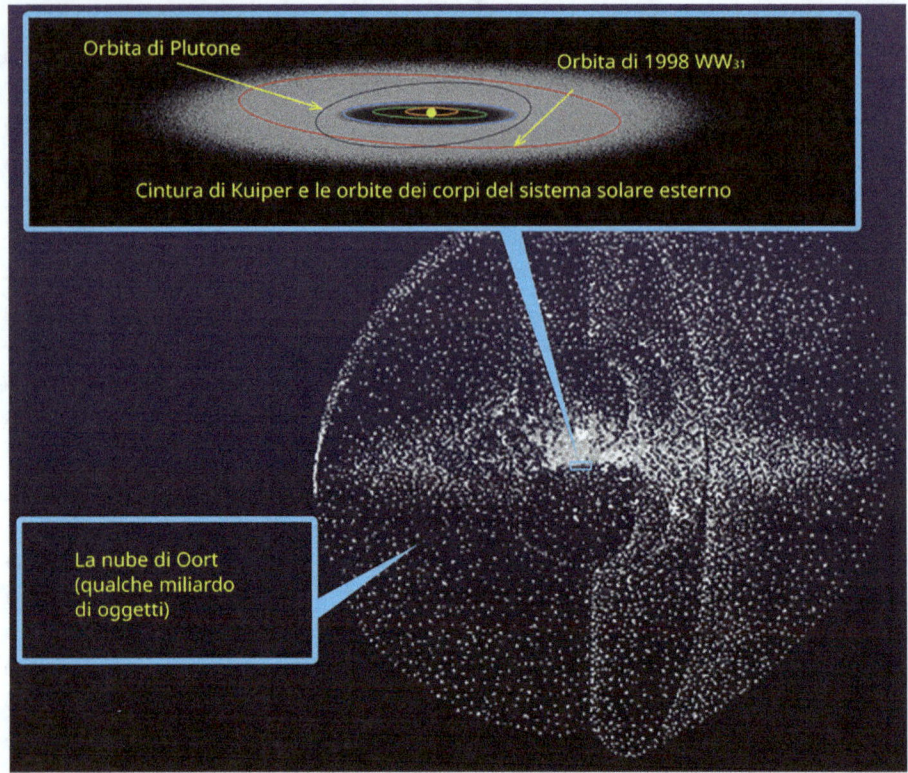

Figura 3.2 Fascia di Kuiper e Nube di Oort. (Credit: Nasa)

quindi localizzati tra le orbite di Marte e Giove, ed a causa delle perturbazioni planetarie possono uscire da questa fascia per muoversi nel sistema solare. Oltre l'orbita di Plutone si trova un'altra regione costituita da corpi ghiacciati, la *fascia di Kuiper* (Fig. 3.2).

Nel 1950 Jan Oort per spiegare la presenza di comete ancora oggi, suppose che esistesse una nube sferica di comete, detta oggi *Nube di Oort* (Fig. 3.2) posta tra 20 000 e 100 000 unità astronomiche.

Le comete che passano vicino al Sole vengono distrutte dopo un certo numero di passaggi. Quindi se le comete si fossero tutte originate all'origine del sistema solare, oggi non dovrebbero più esserci, ed invece non è così. Secondo la teoria, la nube di Oort conterrebbe milioni di nuclei di comete, che sarebbero stabili perché la *radiazione solare* è troppo debole per avere un effetto a quelle distanze. La nube fornirebbe una provvista continua di nuove comete, che rimpiazzerebbero quelle distrutte. La teoria sembrerebbe essere confermata dalle osservazioni successive, che ci mostrano come le comete provengano da ogni direzione, con simmetria sferica. La nube si sarebbe originata dalla forza gravitazionale dei pianeti giganti, quali Giove, che scagliavano frammenti di materia lontano dal centro del sistema solare. Le comete della Nube di Oort sono oggetti più o meno stazionari non risentendo dell'azione dei pianeti, ma perturbazioni gravitazionali possono farle spostare verso il centro del sistema solare. Si suppone anche che le altre stelle siano dotate di Nubi di Oort. Quando esse si avvicinano al nostro Sole ci può essere uno scambio di comete tra le Nubi di Oort. Si ritiene anche che esistano comete vagabonde. Tra noi e la stella più vicina ce ne potrebbero essere 50 bilioni, e nella nostra galassia circa 10^{24} (1 seguito da 24 zeri). Quindi i corrieri per trasportare il microorganismo all'interno della nostra galassia non mancano e la teoria della panspermia potrebbe avere un senso. Ci sono evidenze a favore di tale teoria? Studi recenti condotti in India hanno mostrato che ad altezze maggiori di 40 chilometri, nell'atmosfera, dove è improbabile un mescolamento con gli strati più bassi dell'atmosfera, hanno trovato batteri. Batteri *Streptococco mitus*, che sono stati portati accidentalmente sulla Luna dalla sonda spaziale Surveyor 3 nel 1967, potevano essere facilmente rinviviti dopo essere stati portati di nuovo sulla Terra, dopo 31 mesi. Nel 2009, sono stati anche rinvenuti batteri adattatisi alla stratosfera. Altre evidenze a favore della panspermia è la rapida comparsa della vita sulla Terra, come già detto. Sono stati rinvenuti *stromatoliti* fossili, ossia strutture sedimentarie biocostruite, dovute alla attività di batteri, come i cianobatteri, con datazione 3,8, miliardi di anni, solo 500 milioni di anni dopo la formazione delle rocce più antiche conosciute. Per quanto riguarda la possibilità di resistenza ad alte temperature e condizioni ambientali avverse, sono stati rinvenuti batteri ed organismi nelle fumarole abissali, delle quali parleremo nel prossimo capitolo. I batteri *estremofili*, vivono a temperature superiori a 100 °C, altri in ambienti molto caustici, e sono in grado di sopportare enormi pressioni, e radiazioni letali. Esistono batteri che si trovano in laghi sotterranei e all'interno delle rocce. Dal carotaggio del ghiaccio in Antartide, si sono trovate carote di ghiaccio prese sotto un chilometro della superficie che mostrano come dei batteri potrebbero sopravvivere su corpi ghiacciati come le comete. Il 1° febbraio 2003 lo *Space Shuttle Columbia* si disintegrò nell'atmosfera. Un campione costituito da un centinaio di vermi sopravvisse all'incidente atterrando da 63 km all'interno di un contenitore di 4 kg, inoltre, anche un campione di muschio non si danneggiò. Questo sono esempi a supporto alla teoria che la vita possa sopravvivere dopo un viaggio attraverso l'atmosfera. L'esistenza sulla Terra di meteoriti provenienti da Marte e dalla Luna suggerisce che il trasferimento di materiale da altri pianeti avviene regolarmente. Infine, nelle nubi interstellari è stata scoperta la glicina (un aminoacido) formatisi spontaneamente. Una cosa fondamentale è che se la teoria della panspermia fosse corretta la vita nell'Universo dovrebbe avere una biochimica simile. La teoria della panspermia non spiega l'origine della vita, ma lo sposta più indietro nello spazio e nel tempo. Il fattore tempo potrebbe comunque essere a favore del punto di vista di Crick e Orgel sulla mancanza di tempo necessario alla formazione di vita sulla Terra. La vita si potrebbe essere originata molto prima della formazione della Terra e a tappe. La panspermia diretta, per proteggere ed espandere la vita nello spazio, sta diventando sempre più possibile grazie agli sviluppi delle vele solari, alla scoperta dei pianeti extra-solari, a quella degli estremofili e dell'ingegneria genetica microbica. Quindi, ad oggi, non si può dare una risposta alla domanda se siamo extraterrestri, ma le scoperte degli ultimi decenni ci dicono che è una possibilità da non escludere.

4
La vita sulla terra

La realtà è solo una delle realizzazioni del possibile.

Ilya Prigogine

Una passeggiata sul nostro pianeta ci mostra come esso sia pervaso dalla vita, animale, e vegetale. Le piante ricoprono le sue parti emerse, lo vestono come un vestito lussureggiante.

Dal microscopico al macroscopico, il nostro pianeta pullula di vita, e noi facciamo parte di questa grande famiglia. La vita riempie ogni nicchia possibile, come se avesse la tendenza di occupare tutto lo spazio, come fanno i gas. Non si può non rimanere colpiti da questo trionfo del vivente, dalle forme e dai colori toccanti. Eppure la Terra non è stata sempre così, ricolma di vita. Molti miliardi di anni fa non c'era nessuna forma di vita che poi timidamente apparve e da forme microscopiche unicellulari avanzò fino a generare le forme complesse e le specie che oggi osserviamo. È naturale chiedersi come sia nata la vita sul nostro pianeta. Darvi una risposta è estremamente complesso, ed ancor oggi non abbiamo una vera risposta. Un gran numero di scienziati, nell'ultimo secolo, hanno attaccato il problema da diversi punti di vista, ma nessuno è finora riuscito a risolverlo. Nonostante ciò la ricerca ha fatto notevoli passi in avanti e si spera in futuro di poter dare una soluzione al problema. Le possibili risposte che si possono dare a questa domanda dipendono dalla nostra natura, se siamo credenti o meno. I credenti pensano che la vita sia stata creata da una divinità. Come sappiamo esistono e sono esistite un gran numero di idee sull'origine del mondo legate a divinità. Queste credenze sono state sempre proposte come scienza, senza che ci fosse alcuna spiegazione del Dio creatore.

In tempi più recenti è apparsa una teoria più sibillina, il *disegno intelligente* che non nega la realtà dell'evoluzione, ma sostiene che l'estrema complessità degli esseri viventi si possa spiegare solo con l'esistenza di un'intelligenza che ha diretto l'evoluzione a seguire le strade che ha seguito. Un'altra possibilità, è quella che la vita non avrebbe mai avuto un'origine, la vita sarebbe sempre esistita, secondo le idee dell'astrofisico Fred Hoyle che le basava sulla sua teoria dell'*universo stazionario*, secondo la quale l'Universo sarebbe eterno. Anche il suo collaboratore Wickramasinghe sosteneva questa tesi, e l'idea che lo spazio fosse pieno di vita (virus, batteri, ecc.). Con la scoperta che la teoria dell'*universo stazionario* era errata, decadde anche l'idea che la vita sia sempre esistita. Se la vita non è sempre esistita occorre partire dalla premessa che le prime forme viventi si originarono da materiale non vivente.

Come abbiamo discusso nel capitolo precedente, c'è chi pensa che la vita non si sia originata sulla Terra, ma che sia giunta dallo spazio: la *panspermia*, diretta o guidata. Infine la gran parte degli scienziati pensano che la vita sia nata sulla Terra. Oggi non sappiamo ancora come avvennero le cose, ma passo dopo passo ci stiamo avvicinando alla conoscenza di come siano potute avvenire. Nonostante i progressi fatti in materia, esiste ancora la controversia tra l'idea che la vita sia frutto del *caso*, per quanto straordinario, secondo le idee di Jacques Monod,

> "Soltanto il caso è all'origine di ogni novità, di ogni creazione nella biosfera. Il caso puro, il solo caso, libertà assoluta ma cieca, alla radice stessa del prodigioso edificio dell'evoluzione."

o di una *necessità* imposta dalle leggi naturali, come sostenuto da Ilya Prigogine o Christian de Duve che aveva addirittura scritto un articolo su Phylosophical Transaction of the Royal Society dal titolo *La vita come imperativo cosmico?*, nel quale scriveva:

> "l'origine della vita è molto prossima ad essere obbligatoria nelle condizioni fisico-chimiche che prevalsero nel luogo della sua nascita."

Lo studio dell'origine della vita è così complesso che necessita di un lavoro interdisciplinare. Nobel per la fisica, chimica e biologia si sono occupati e continuano ad occuparsi di questo problema complesso e straordinariamente interessante, senza comunque arrivare ancora alla soluzione. La ricostruzione della storia della vita funziona abbastanza bene tra il presente ed il cosiddetto LUCA (Last Universal Common Ancestor, Ultimo Antenato Universale Comune), che, come già detto, sarebbe una ipotetica cellula antenata comune, dalla quale si originarono i tre domini della vita: i batteri, gli eucarioti

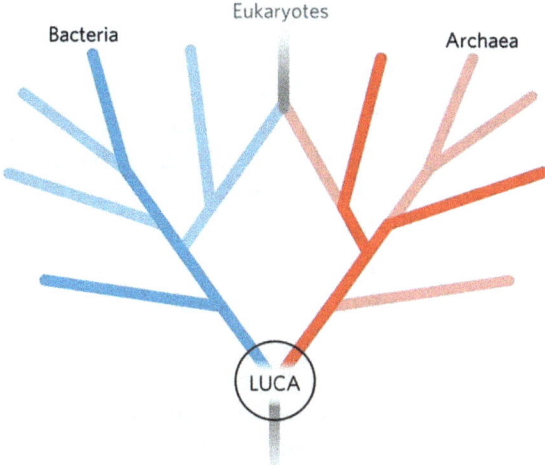

Figura 4.1 LUCA e albero della vita. (Credits: NASA & Weiss et al./Nature Microbiology)

(comprendente le piante, amebe, funghi, animali e microrganismi) e gli archei (o batteri antichi). L'aspetto più enigmatico è il periodo dalla Terra senza vita fino al LUCA (Fig. 4.1). A metà di tale periodo si sarebbero formati i primi esseri (tra cui gli antenati del LUCA), che precedono il LUCA. Gli antenati del LUCA diedero origine oltre che al LUCA a discendenti ormai estinti.

La Terra ai suoi primordi

Come sosteneva Aleksandr Ivanovich Oparin

> "L'origine delle vità è una parte inalienabile del processo generale dello sviluppo dell'Universo e, in particolare, dello sviluppo della Terra".

Per questo è necessario discutere come la Terra si sia evoluta e le condizioni presenti al tempo che la vita fece la sua apparizione. Oparin immaginava le condizioni nelle quali si trovava la Terra alla formazione: una superficie semifusa molto calda, con una continua caduta di meteoriti su di essa, ed una vasta gamma di sostanze chimiche tra le quali quelle a base del carbonio (reazioni organiche). Quindi la Terra si raffreddò ed il vapore acqueo si condensò in acqua liquida, dando luogo alla pioggia. Si formarono così gli oceani, caldi e ricchi di sostanze chimiche. Queste potrebbero aver reagito formando nuovi composti, nella direzione di una crescente complessità. Oparin pensava che zuccheri e amminoacidi si fossero formati nelle acque della Terra primordiale.

Le nuove sostanze chimiche cominciarono a formare strutture microscopiche. Visto che alcune sostanze chimiche non si dissolvono in acqua, entrando in contatto con essa avrebbero potuto formare globuli sferici detti *coacervati* di dimensioni dell'ordine di 0,01 cm. I coacervati sarebbero stati oggetto di selezione che avrebbe portato all'origine di sistemi dinamici e stabili. Oparin quindi propose che i coacervati fossero gli antenati delle cellule moderne.

Tornando alle condizioni della Terra primordiale, sappiamo che la Terra, come ogni pianeta, è il risultato della formazione stellare. Le prime stelle apparvero alcune centinaia di milioni di anni dopo il Big Bang. Esse erano molto più grandi di quelle attuali, alcune centinaia di masse solari, e non avevano sistemi planetari poiché non contenevano elementi pesanti, necessari alla formazione dei pianeti. Le stelle primordiali data la loro grande massa hanno una vita breve e finiscono la loro esistenza passando nella fase di *supernova*, nella cui esplosione vengono proiettati nello spazio gli elementi pesanti che sono stati costruiti nell'interno stellare, come mostrato nel famoso articolo dei coniugi Burbidge, Fowler e Hoyle. Questi elementi a loro volta possono dar luogo ad un sistema stellare di seconda generazione, che già potrebbe avere pianeti costituiti da elementi pesanti. L'abbondanza relativa degli elementi pesanti nel nostro sistema solare porta a pensare che si tratti di un sistema di terza generazione. La vita, apparve quindi solo dopo che nell'Universo comparvero i sistemi planetari di seconda o terza generazione. Stime sull'età della Terra convergono su circa 4,5 miliardi di anni, usando ad esempio la datazione dei meteoriti più antichi. Il nostro sistema solare, similmente agli altri, si formò dal collasso di un'enorme nebulosa di gas e polvere con un diametro di alcune decine di anni luce, costituita per la maggior parte da idrogeno. Perché avvenga il collasso è necessaria una perturbazione esterna, quale l'esplosione di una supernova, il passaggio di una stella, ecc. Durante il collasso e la diminuzione delle dimensioni, la densità aumentava insieme alla temperatura, come in un gas che venga compresso. Nella fase di collasso la conservazione del *momento angolare* (grandezza tipica dei corpi in rotazione) fece aumentare la velocità di rotazione del sistema. Questo fenomeno è lo stesso che avviene quando un pattinatore sposta le braccia più vicino al corpo. Il risultato fu la formazione di una struttura a disco. Al diminuire delle dimensioni la densità e la temperatura crebbero al punto tale da innescare le reazioni di fusione dell'idrogeno, formando una stella che conteneva il 99% della massa del sistema stellare. La parte restante era distribuita su di un disco di gas e polvere, il *disco protoplanetario*. Quando il disco iniziò a irradiare, la sua temperatura si abbassò e si formarono per condensazione delle piccole particelle. Esse si unirono tra di loro formando oggetti più grandi che grazie alla gravità attrassero altra materia. Questo fenomeno noto come *accrescimento* diede luogo alla formazione di un gran numero di oggetti di qualche chilometro, i *planetesimi*, e il processo di accrescimento continuò fino alla formazione dei pianeti. Ci volle qualche milione di anni perchè si formassero i planetesimi e un tempo tra dieci e cento milioni di anni per formare i pianeti. I pianeti appena formati erano sfere di silicati e metalli. A causa della gravità i materiali più densi si mossero verso il centro del pianeta e quelli meno densi rimasero nelle parti esterne. I materiali volatili rimasero all'esterno e nei pianeti abbastanza massici, come ad esempio la Terra, furono catturati e formarono le atmosfere. Si formarono così i *pianeti rocciosi*, più vicini al Sole. I pianeti a distanze maggiori, ad esempio 5 unità astronomiche, continuarono a crescere fino a formare un nucleo roccioso di circa 10 masse solari e a quelle distanze catturando la gran quantità di gas che li avvolgevano formarono i *pianeti gassosi*. Nella separazione tra giganti rocciosi e gassosi ha avuto un ruolo importante la migrazione dei pianeti giganti vicini al Sole e la conseguente risonanza tra il proto-Giove e il proto-Saturno. La formazione della Terra, avvenne come per gli altri pianeti per agglomerazione. Nel periodo che va tra una decina e cento milioni di anni, un corpo delle dimensioni di Marte (detto Theia, nome della madre di Selene, che indica il nome della Luna) entrò in collisione con la Terra. Il grande impatto scagliò nello spazio una frazione della massa della Terra che dopo successive interazioni con la Terra, formò la Luna. L'evento fu di notevole importanza per la Terra, poiché il nostro satellite secondo alcuni studi stabilizza le oscillazioni dell'asse terrestre (altri studi però lo smentiscono) e conseguentemente le stagioni. A quell'epoca la Terra era fusa ed ovviamente non poteva ospitare la vita. Il periodo che va dalla formazione della Terra fino a circa 4 miliardi di anni prende il nome di *eone Adeano* dal termine greco *Hades*, ossia inferno, ad indicare le condizioni infernali esistenti sul pianeta a quell'epoca. La Terra si raffreddò velocemente, tanto che a circa 4,4 miliardi di anni fa, probabilmente esisteva già una crosta sulla quale cominciò ad accumularsi l'acqua. In queste condizioni sarebbe teoricamente potuta apparire la vita, ma se questo accadde essa non poté sopravvivere a un periodo di intenso bombardamento da meteoriti e comete avvenuto tra 4,1 e 3,8 miliardi di anni fa, detto *bombardamento tardivo*. Secondo la gran parte degli studiosi, la vita sarebbe potuta apparire e preservarsi solo dopo 3,8 miliardi di anni fa, tempi in accordo con alcuni resti fossili di cui parleremo fra poco. Se così accadde, la vita si sviluppò molto rapidamente, alcune centinaia di milioni di anni dopo la formazione della Terra. Questo indicherebbe che la vita è un processo probabile e che quindi bisogna aspettarsi che esista anche vita extraterrestre. Dal punto di vista astronomico, si stima che 3,9 miliardi di anni fa, il Sole doveva emettere circa 30% meno radiazione di quella attuale e che quindi la Terra avrebbe dovuto essere completamente congelata, una sorta di *palla di neve*. Questo sembra essere in contraddizione con i ritrovamenti di *Isua*, di cui parleremo, che testimonierebbero l'esistenza di acqua liquida. Questa contradizione potrebbe essere superata pensando che a quell'epoca l'atmosfera fosse tale da dar luogo ad un intenso *effetto serra*. Viene naturale chiedersi quindi quale fosse la composizione dell'atmosfera della Terra a quell'epoca, e su questo punto ci sono parecchie controversie. Considerando le idee più accreditate, possiamo dire che l'atmosfera era costituita da gas che nelle reazioni tendono ad acquisire elettroni (gas che vengono detti *riducenti*): idrogeno, elio, ed in minor quantità acqua, metano, ammoniaca, azoto, ecc.. A causa del vento solare, dell'alta temperatura, e degli impatti meteorici, i gas più leggeri (idrogeno ed elio) furono persi dall'atmosfera. Il metano e l'ammoniaca diminuirono a causa della radiazione solare. L'atmosfera fu rimpiazzata da quella proveniente dalle viscere della Terra dovute alla continua emissione di gas dai vulcani, ossia la *Grande Eruzione*. Come conseguenza crebbe la concentrazione di anidride carbonica, con concentrazione da cento a mille volte superiore a quella attuale, insieme a quella dell'acqua, dell'azoto, dell'ammoniaca, del metano, e del monossido di carbonio. La Terra primordiale aveva già dell'acqua sulla superficie, come abbiamo già detto. Oltre all'acqua già presente, ne arrivò dell'altra grazie alle comete provenienti dalla fascia di Kuiper o dalla Nube di Oort. Insieme alle comete sulla Terra cadevano pure asteroidi in numero superiore a quello attuale. Ciò apportò una grande quantità di acqua, alla quale si aggiunse quella dovuta alla degassificazione vulcanica. Un osservatore sulla Terra avrebbe avuto una visione molto diversa da quella attuale, con una Luna molto più grande di quella attuale trovandosi ad una distanza un terzo di quella attuale, dei mari probabilmente sul marrone-verde ed un cielo sul rosso arancione. Le maree erano molto più alte di quelle attuali e la durata del giorno era quasi metà di quella attuale. Una importante domanda che dobbiamo porci è quella di quando apparve la vita sulla Terra. Per datarne l'inizio vengono usati i fossili più antichi. Fino alla metà degli anni '50 i fossili ritrovati servivano a datare il periodo Cambriano (541 milioni di anni fa). Per i periodi precedenti non si avevano grandi informazioni. Dopo il 1954 furono ritrovati i fossili di Gunflint, in Canada, risalenti a circa 1,9 miliardi di anni fa. Dopo di questi furono ritrovati altri fossili a Isua, in Groenlandia, detti *sfere di Isua* con età di circa 3,8 miliardi di anni. William Schopf, un paleontologo, definì dei *criteri di biogenicità*, per evitare che formazioni di origine non biologica fossero considerati fossili. Con questi criteri le *sfere di Isua* sono stati introdotti nella categoria dei non identificati, mentre altri furono scartati. I fossili più antichi identificati furono quelli di Marble Bar, in Australia, con un'età di 3,5 miliardi di anni, identificati come *cianobatteri*. Questi ultimi sono batteri verdi perché usano la fotosintesi. La biogenicità dei microfossili di Schopf non è certa con assolutezza. Come mostrato da Juan Manuel Garcia Ruiz le strutture biologiche possono essere simili a biomorfi di origine inorganica. Quindi le strutture di Schopf sono dei microfossili su cui alitano dei dubbi, dei *pseudo microfossili*. Di particolare importanza sono le strutture dette *stromatoliti* (dal greco "coperta di pietra"). Gli stromatoliti sono generati dall'azione di microrganismi, in particolare *cianobatteri*. Hanno forme disparate che vanno dalla forma piana a quella a colonna. Più recentemente, nel 2011 furono ritrovati, da Brasier, vicino alle strutture identificate da Schopf, dei resti che hanno una maggiore garanzia di essere autentici e che risalgono a circa 3,4 miliardi di anni fa. Oltre ai fossili morfologici esistono quelli chimici. Gli strati più antichi sono quelli di Isua, risalenti a 3,8 miliardi di anni fa. Esistono anche quelli di Akilia, in Groenlandia, risalenti a 3,85 miliardi di anni fa, ma sulla cui biogenicità ci sono notevoli dubbi. In definitiva, dai fossili si arriva alla conclusione che la vita sulla Terra doveva esistere già 3,4 miliardi di anni fa, e forse anche prima, 3,8 miliardi di anni fa. In altre parole la vita sarebbe già stata presente 700 milioni di anni dopo la sua formazione.

Il piccolo stagno caldo

Dare una definizione di cosa sia la vita non è banale ed ancora meno banale parlare della sua origine. Nonostante ciò, Darwin aveva delle sue idee sulla sua origine che non pubblicò, ma delle quali parlò nella sua corrispondenza privata. In una lettera del 1871 indirizzata al suo amico Hooker, Darwin parlò dell'origine della vita a partire da processi chimici alimentati da fonti di energia. Nella lettera parlava di un "piccolo stagno caldo" come possibile brodo primordiale in cui si sarebbero formati i primi organismi viventi. Nelle sue parole

> "Se potessimo concepire un piccolo e tiepido stagno, contenente ammoniaca e sali fosforici, luce, calore, elettricità, ecc., in modo che una proteina fosse chimicamente prodotta pronta per subire nuovi e più complessi cambiamenti..."

e qualche anno più tardi, nel 1882, a Daniel Mackintosh:

> "Anche se ancora non ci sono prove a favore dell'ipotesi che un essere vivente si sia sviluppato a partire dalla materia inorganica, non posso evitare di credere nella possibilità che questo un giorno verrà provato."

Solo negli anni '20 del secolo scorso, il problema dell'origine della vita fu ripreso dal biochimico russo Alexandr Ivanovich Oparin ed il genetista inglese John Haldane. Entrambi concepirono l'idea di *evoluzione chimica*, ossia l'idea che nei mari primordiali esistesse una *zuppa organica* che aumentando di complessità porterebbe alla formazione di cellule semplici, punto di origine di tutti gli esseri viventi. A causa dello scarso sviluppo della chimica analitica, per molti anni non ci furono sviluppi, ne idee sperimentali per verificare le idee di Oparin e Haldane. La versione inglese del secondo libro di Oparin fu letto da Harold Urey, premio Nobel per la chimica nel 1934. In un seminario tenuto all'Università di Chicago sull'origine del sistema solare ed in particolare su esperimenti per la formazione di composti organici, era presente un neolaureato in Chimica, Stanley Lloyd Miller. Qualche tempo dopo Miller si presentò nello studio di Urey proponendo la realizzazione di alcuni esperimenti. Urey accettò di fare gli esperimenti, ma se in sei mesi non ci fossero stati risultati positivi, avrebbero cambiato la tesi di Miller. Costruirono insieme un dispositivo contenente acqua liquida e dei gas: idrogeno, ammoniaca, e metano. A quei tempi, questa era l'idea sulla costituzione dell'atmosfera terrestre. L'acqua veniva fatta bollire in una pipetta in basso, poi raffreddata a formare quella che era la pioggia negli oceani primordiali. Nella pipetta in alto si producevano delle scariche elettriche di 6000 volt, a rappresentare i fulmini della Terra primordiale. Dopo alcuni giorni l'acqua cambiò di colore, diventando rossastro-marrone. L'analisi mostrò che si erano formati svariati composti organici, tra cui *amminoacidi* (glicina e alanina), che come già detto sono i "mattoni" che formano le proteine. I risultati dell'esperimento diedero un notevole appoggio all'idea di *evoluzione chimica*. L'esperimento generò grandi aspettative e diede un forte impulso ad effettuare altri esperimenti. Un punto importante da ricordare è il fatto che l'atmosfera usata da Urey e Miller era in realtà differente da quella che si pensava fosse l'atmosfera della Terra primordiale. Ripetendo l'esperimento di Urey-Miller con una atmosfera ricca in anidride carbonica, più simile a quella della Terra primordiale, il rendimento della reazione era molto più basso, ossia non si formarono tutte le sostanze dell'esperimento di Urey-Miller.

Si suppone che l'apporto di materia organica proveniente dallo spazio su meteoriti e comete potè compensare la perdita. Nonostante tutto, l'esperimento fece nascere la *chimica prebiotica*, stimolando l'esecuzione di una moltitudine di altri esperimenti. Di notevole importanza sono i risultati ottenuti dallo spagnolo Joan Orò. Fino alla fine degli anni '50, non si erano trovate le *basi azotate* degli *acidi nucleici* di cui abbiamo parlato nel Cap. 2. Nel 1959 Orò condusse un esperimento partendo dall'acido cianidrico ottenendo una base degli acidi nucleici, l'adenina (A), ed insieme a Miller trovarono la guanina (G), mentre tutte le altre basi furono trovate da altri ricercatori. Furono eseguiti migliaia di esperimenti di simulazione della Terra primordiale, usando diverse forme di energia (radiazione ultravioletta, visibile, calore, radioattività, scariche elettriche) in diversi ambienti (acquatico, gassoso, e interfaccia atmosfera-acqua). Gran parte degli esperimenti misero in evidenza il ruolo fondamentale dell'acido cianidrico e della formaldeide. Il primo è un elemento tossico a causa della presenza dello ione cianuro, e il secondo messo in acqua dà luogo alla formalina, un classico conservante per cadaveri. È veramente paradossale che due elementi del genere possano essere stati elementi chiave nella nascita della vita. Nel 1969 cadde il meteorite di Murchinson, che prende il nome dalla località dove venne rinvenuto e che si trova in Australia. Si tratta di una *condrite carbonacea* contenente 14 000 differenti composti organici, tra i quali 70 amminoacidi, ma si stima che ce ne potrebbero essere milioni. Oltre agli amminoacidi sono state rinvenute le basi degli acidi nucleici. Queste sostanze non sono dovute alla contaminazione, come provato dalla presenza di composti organici che non si trovano sulla Terra. La composizione è simile a quella dei risultati dell'esperimento di Urey-Miller. Questo ritrovamento è di notevole importanza perché mostra che, anche se le reazioni che li originarono non avvennero in un ambiente simile a quello dell'esperimento di Urey-Miller, i materiali importanti per la vita in esso ritrovati, rivelano che questi si possono formare facilmente in maniera naturale. L'apporto di materiale extraterrestre potrebbe rivestire un ruolo fondamentale nella nascita della vita. Lo studio, di qualche anno fa, della cometa *67 P/Churymov-Gerasimenko* mostrarono l'esistenza di acido cianidrico, composti azotati, aldeidi, e alcoli. Quindi anche le comete potrebbero aver apportato una certa quantità di molecole probiotiche sulla Terra primordiale.

Il mondo dell'RNA

Anche nel caso che sulla Terra fossero presenti tutti i componenti di base degli esseri viventi, il cammino fino a formare i primi organismi, ed in particolare il LUCA, è lungo. La vita è sostenuta dal lavoro degli *enzimi*, le proteine che catalizzano ossia accelerano la rete delle reazioni biochimiche che costituiscono il *metabolismo*. Le proteine sono sintetizzate da 20 amminoacidi. Questi ultimi si uniscono fra loro a formare polimeri, delle lunghe catene che seguono un ordine determinato dalle sequenze di nucleotidi dei DNA che li codificano dando origine ai geni. Per il funzionamento di un organismo ancestrale sono necessari gli enzimi che sono sintetizzati a partire dalle informazioni contenute nel DNA che come abbiamo visto nel Cap. 2 vengono trascritte sugli RNA. Allo stesso tempo, perché il DNA si duplichi e fornisca le informazioni servono gli enzimi. Ossia siamo davanti al problema dell'uovo e della gallina nel caso dell'origine della vita. Quando sembrava di essere su una strada senza uscita fu fatta una scoperta fondamentale. Thomas R. Cech, nel 1982, e Sidney Altman, nel 1983, notarono che alcuni RNA hanno capacità catalitiche, ossia possono funzionare come enzimi, capacità che si pensava essere esclusiva delle proteine. Questi RNA che possono funzionare come enzimi vengono detti *ribozimi*. La conseguenza di questa scoperta fu che non era più necessario ipotizzare la presenza delle proteine e dei DNA che servivano alla loro codificazione. In questo *mondo dell'RNA* gli RNA erano in grado di compiere quasi tutte le funzioni importanti per la vita: catalizzare le reazioni biochimiche e veicolare le informazioni genetiche. Tuttavia, negli esperimenti relativi alla Terra primordiale e prebiotica, le difficoltà di generare un RNA ha portato a pensare che esistessero altri polimeri con capacità simili all'RNA, i cosiddetti *pre-RNA*. Nei primi studi del mondo dell'RNA, non si teneva conto dell'esistenza di membrane che proteggessero gli RNA, ma ci si è reso conto che è improbabile che gli RNA si trovassero in soluzioni libere. Successivi studi sul mondo dell'RNA hanno portato a pensare che sin dall'inizio le membrane coinvolsero gli RNA formando delle pre-cellule. Questi processi si originarono nelle acque superficiali. Comunque, non c'era e non c'è unanimità sul fatto che questo ambiente sia il più adatto alla nascita della vita.

Il mondo del ferro-zolfo

Günter Wächtershäuser descrisse come la vita abbia potuto aver avuto origine sui fondali oceanici, nelle vicinanze di fonti termali sottomarine dette *fumarole nere* (Fig. 4.2). In esse sono stati ritrovati ecosistemi ricchi di organismi simili a crostacei e vermi, la cui esistenza dipende dal flusso di calore e materiali provenienti dall'interno della Terra. Secondo Wächtershäuser i primi organismi non erano fatti di cellule, non avevano enzimi, DNA o RNA. Comunque essi avrebbero avuto un certo metabolismo, ed una capacità di evoluzione. Wächtershäuser pensò ad un vulcano dal quale scorre un flusso d'acqua calda, ricca di gas vulcanici come l'ammoniaca e tracce di minerali vulcanici. L'acqua che scorreva sulle rocce produceva reazioni chimiche producendo cicli metabolici. Il modello di Wächtershäuser fu da lui elaborato negli anni '80–90 del secolo scorso, in maniera molto dettagliata, delineando quali minerali erano in gioco ed i cicli chimici che avevano luogo. La materia organica veniva prodotta dalla trasformazione del monossido di carbonio e dell'anidride carbonica a partire da composti dello zolfo, del ferro e dell'idrogeno, grazie all'energia dovuta alla reazione di formazione della pirite, un composto di ferro e zolfo. Wächtershäuser chiamò la sua ipotesi *mondo del ferro-zolfo*. Camini idrotermali (Fig. 4.2) con temperature inferiori a 150 °C, contenenti pirite, furono scoperti negli anni '80 del secolo scorso dal geologo Mike Russel. Russel suggerì che i camini

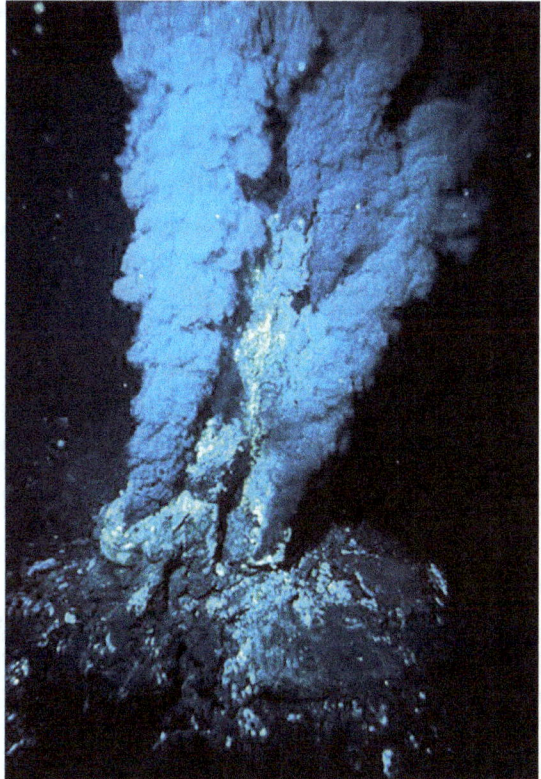

Figura 4.2 Fumarole nere. (Credit: NOAA Photo Library)

termali nel mare profondo, abbastanza tiepidi da permettere la formazione di strutture di pirite, ospitassero gli organismi di Wächtershäuser. Partendo da idee di Peter Mitchell, Russell concluse che il luogo ideale per la formazione della vita è un camino idrotermale con acqua alcalina.

I primi camini idrotermali alcalini con temperatura tra 40 °C e 75 °C ed acqua leggermente alcalina furono scoperti da Deborah Kelley nell'atlantico in un luogo che fu detto Lost City. Questi camini erano perfetti per le idee di Russell, che si convinse che in realtà questi fossero i luoghi dove nacque la vita. Dopo che la vita aveva sfruttato l'energia chimica dell'acqua del camino, iniziava la produzione di molecole come l'RNA. Con la formazione della membrana si costituisce una vera cellula che poi va dalla roccia porosa al mare aperto. Quindi la vita sarebbe nata nelle acque superficiali secondo il modello del *mondo a RNA*, o nelle acque profonde, nel modello di Wächtershäuser. Non si è arrivata ad una conclusione sicura ed esiste un'accesa controversia fra i ricercatori che pensano che la vita si sia originata nei due detti ambienti. Nel

2019, Laura Barge e altri ricercatori della NASA e del CalTech hanno ricreato in laboratorio le sorgenti idrotermali per capire se la vita sia potuta nascere lì.

Il mondo dei lipidi

Nella biologia attuale, è chiaro che metabolismo, genetica e cellularità sono strettamente legate, e un organismo vivente consiste di tutte e tre. Date la difficoltà, i ricercatori scelsero di tentare di ottenere le tre caratteristiche dette in maniera separata. Nei primi studi del mondo a RNA si rinunciava alle membrane anche se è chiaro che è poco verosimile che gli RNA si trovassero in soluzione senza protezione. Nell'ipotesi di Wächtershäuser le membrane apparivano tardi. La cellularità dipende dalle membrane che non sono semplici barriere semipermeabili, ma hanno anche importanti capacità metaboliche e sono anche fondamentali per la generazione di energia. Nell'ultimo decennio, alcune scoperte hanno fatto pensare ad un nuovo approccio che possa realizzare contemporaneamente le tre funzioni su cui la vita si basa: genetica, metabolismo e cellularità, in un modo per creare un'intera cellula da zero. Svariati tentativi hanno portato ad ottenere simultaneamente due delle caratteristiche: la cellularità e la genetica. Michael Russel aveva sottolineato l'importanza delle membrane di ferro-zolfo.

Nelle cellule attuali, le membrane sono costituite da lipidi e proteine. Grazie ai lipidi, aventi una parte polare ed una apolare[1] le vescicole possono chiudersi. Nel 2015, Deamer mostrò come le vescicole lipidiche possano dar luogo alla formazione di catene di nucleotidi, mediante cicli di assunzione e perdita di acqua. Le vescicole possono inglobare gli RNA, insieme all'acqua. Questi risultati portarono all'idea che prima del mondo dell'RNA fosse esistito un *mondo dei lipidi*. Nel 2013, Orgel e una sua studentessa, Kataryna Adamala, riuscirono ad eseguire la replicazione dell'RNA all'interno delle vescicole di acidi grassi, mentre il team di Jack Szostak riuscì a costruire delle protocellule in grado di assorbire molecole dall'esterno, e trattenere i loro geni. In tal modo, le protocellule possono crescere, dividersi e l'RNA può replicarsi all'interno. A questo punto resta un ultimo passo, riuscire ad integrare la terza funzione: il metabolismo. Riuscendo a fare questo si avrebbe un approccio unificato all'origine della vita.

In definitiva non esiste ancora una ricetta completa per spiegare l'origine della vita sulla Terra. Riassumendo le teorie precedenti possiamo dire che la

---

[1] Una molecola che presenta una carica parziale positiva su una parte e una carica parziale negativa sulla parte opposta di essa è detta *polare*. Sono dette apolari le molecole che non presentano il fenomeno della polarità.

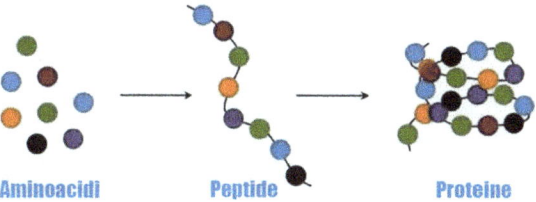

Figura 4.3 Schema: aminoacidi e proteine

vita sarebbe potuta formarsi in acque poco profonde, dove la vita è legata alla luce del sole, con temperatura mite e l'elemento che avrebbe portato alla vita è l'RNA. L'altra possibilità è che la vita abbia avuto origine in acque profonde, dove essa dipende da differenze termiche locali determinate da reazioni chimiche. In tali luoghi le temperature sono alte e l'elemento di base è il metabolismo. Gli studi più recenti tentano di mettere in gioco i tre aspetti fondamentali della vita: la riproduzione, il metabolismo, e le cellule. Ossia si va alla ricerca di un meccanismo nel quale tutti questi tre aspetti erano all'opera. **Il lettore interessato può dare un'occhiata all'Appendice 2 per avere maggiori dettagli sull'origine della vita sulla Terra.** Viste le difficoltà di riprodurre la vita sulla Terra ci sono scienziati che continuano a pensare che la vita sia nata fuori della Terra e ci sia arrivata o al limite che parte dei processi che portarono alla vita furono iniziati nello spazio (la panspermia della quale abbiamo parlato nel Cap. 3). Nel 2019, Nature Astronomy ha pubblicato un articolo di T. K. Henning e S. A. Krasnokutski nel quale venivano ricreate le condizioni nelle nubi interstellari. In una camera ad altissimo vuoto e a -263 gradi centigradi Krasnokutski e la sua equipe, hanno messo a contatto su una piastra, che simula la funzione di polvere cosmica, alcuni componenti delle nubi interstellari quali il carbonio, l'ossido di carbonio e l'ammoniaca. In questo modo hanno ottenuto peptidi, che sono i mattoncini per la costruzione delle proteine (Fig. 4.3).

Non tutto è chiarito perché manca il passaggio tra questa fase di studio e quella successiva che porta alla formazione di esseri viventi. Inoltre, occorre sapere se i peptidi interstellari abbiano superato la prova del viaggio spaziale e il successivo impatto con la Terra. Tuttavia, altri studi hanno dimostrato che anche purine e pirimidine vengono prodotte in esperimenti che simulano l'ambiente spaziale. L'ipotesi della panspermia fa di nuovo capolino nella nostra storia. In conclusione, sappiamo che la vita sulla Terra esiste, ma non siamo in grado di riprodurre i passi che essa seguì per nascere sul nostro pianeta. Anche se fosse nata da un'altra parte nell'Universo e fosse stata trasportata sulla Terra rimarremmo sempre col dilemma della sua formazione. Ci sono altri pianeti o satelliti nel nostro sistema solare che ospitano la vita, anche di forma microbica? Ce ne occuperemo nel prossimo capitolo.

5

La vita nei vagabondi del cielo

Extraterrestre portami via, voglio una stella che sia tutta mia, extraterrestre vienimi a cercare, voglio un pianeta su cui ricominciare.

Eugenio Finardi

Non so se vi siate dedicati ad osservare i pianeti nel cielo. Essi in primo luogo hanno una luce statica a differenza delle stelle la cui luce scintilla[1]. Un'altra loro caratteristica, se avreste la pazienza di osservarli per diversi mesi, come facevano gli antichi, è che essi mostrano un moto strano, diverso da quello delle stelle. Normalmente i pianeti si muovono verso est rispetto alle stelle, in un moto detto *moto diretto*. A volte invertono il loro moto e si muovono verso ovest. Questo è il loro *moto retrogrado*. Dopo un periodo di moto retrogrado cambiano nuovamente la direzione del moto e continuano a muoversi nella direzione originale. Il tempo che passa tra due retrogradazioni successive dipende dal pianeta. Ad esempio per Mercurio ciò accade ogni 116 giorni, ed il pianeta si muove di moto retrogrado per circa 21 giorni, e per Giove ogni 399 giorni, ed il moto retrogrado dura 121 giorni. Il moto retrogrado di Marte sconcertò particolarmente gli astronomi antichi anche perché in un sistema geocentrico l'orbita di Marte durante la retrogradazione sembra perforare quella del Sole. Per questo loro strano moto, i Greci diedero ai pianeti il nome di *plànētes astē-*

---

[1] La scintillazione è dovuta alla deviazione della luce in diversi strati dell'atmosfera. I pianeti non scintillano perché sono più vicini delle stelle e il fronte dell'onda che ci arriva e più largo di quello dovuto alle stelle, quindi la luce dei pianeti attraversa più strati nell'atmosfera e l'effetto di deviazione della luce si compensa e non li vediamo scintillare.

res, "stelle vagabonde". I greci conoscevano 6 dei pianeti che noi conosciamo: Mercurio, il messaggero degli dei, Venere, la dea della bellezza, Marte, il dio della guerra, Giove, il padre di tutti gli dei, Saturno, il signore del tempo. Anche il Sole e la Luna per loro erano pianeti. Nei millenni il loro numero era cresciuto fino a 9, con l'aggiunta di Urano, Nettuno, e Plutone. Dopo il 2000 furono scoperti oggetti localizzati oltre Nettuno, gli *oggetti trans-nettuniani*: nel 2003 Haumea leggermente più piccolo di Cerere, Sedna con un diametro di quasi duemila chilometri, e nel 2005 fu annunciata la scoperta di Eris con dimensioni e massa simili a Plutone. Dopo queste scoperte lo stato di Plutone come pianeta fu ripensato. Un bel giorno del 2006, Plutone fu retrocesso a *pianeta nano*, e quindi oggi il numero di pianeti è 8. Fu pure introdotta una definizione di pianeta il 24 agosto del 2006 dall'Unione Astronomica Internazionale, secondo la quale un pianeta è un corpo celeste che orbita intorno ad una stella, che non produce energia tramite fusione nucleare, la cui massa è abbastanza grande da conferirgli una forma sferoidale e che grazie alla sua forza di gravità riesce a tenere libera la fascia orbitale da altri corpi di dimensioni comparabili o superiori. Plutone non soddisfa l'ultima condizione. Ora vi stareste domandando perché sto parlando di pianeti visto che il nostro discorso è relativo alla vita ed in particolare alla vita extraterrestre, visto che sicuramente avrete sentito che nel nostro sistema solare c'è vita solo sulla Terra. Bene, a dire il vero non ne siamo proprio sicuri. Se ricordate, parlando di ALH84001 abbiamo detto che forse ha portato la vita da Marte sulla Terra. Abbiamo visto che c'è qualche esperimento non in accordo su questo, ma non possiamo essere sicuri al 100% che in ALH84001 non ci fosse vita marziana. Parleremo anche di esperimenti fatti sul suolo marziano che ancor oggi animano dibattiti se ci sia o non ci sia vita sul pianeta rosso. Inoltre come vedremo è possibili che in alcuni satelliti dei pianeti giganti gassosi (Giove, Saturno...) ci sia la vita. L'obiettivo di questo capitolo è proprio quello di discutere se possa esistere vita nel nostro sistema solare. Vita microbica, ovviamente. Non ci aspettiamo di trovare marziani umanoidi. Tali tracce si possono rivelare in forma diretta oppure attraverso manifestazioni chimiche o energetiche. In altri termini è necessario capire se ci siano o se si possano formare molecole probiotiche e si vi sia una fonte di energia ed un adeguato mezzo liquido. L'energia luminosa è la più efficace per dare origine ed impulso ai processi biologici, ed il Sole fornisce a tutti i corpi del Sistema solare tale energia. Un ambiente chimico favorevole presuppone l'esistenza di carbonio e molecole organiche ed è anche importante la presenza di composti di ossigeno, azoto, zolfo, e fosforo. Ora carbonio, idrogeno, ossigeno ed azoto sono tra i più abbondanti nell'Universo. I composti probiotici potrebbero provenire, come sulla Terra, dallo spazio o forse formarsi sul posto. È molto probabile che tutti i corpi del sistema solare abbiano un minimo di questi composti probiotici. Perché da tali molecole nasca la vita è fondamentale un ambiente liquido, sulla superficie o sotto di essa. L'abitabilità di un "mondo" è strettamente legato alla presenza di un liquido come l'acqua oppure altri come l'ammoniaca, gli idrocarburi semplici, ecc. Ci sono diversi luoghi nel sistema solare soddisfacenti a questo requisito. Nel 2001 l'astrobiologo Schulze-Makuch ed altri hanno proposto un indice per valutare l'abitabilità di un pianeta e delle sue lune, l'indice *PHI* (planetary habitability index, ossia indice di abitabilità planetaria). Questo parametro si basa sulla varietà di elementi chimici, caratteristiche fisiche quali la presenza di un substrato solido, la disponibilità di energia, la presenza di liquidi ed un ambiente chimico favorevole. La Terra ha un PHI uguale a 0,96, e subito dopo è posizionato Titano con 0,64, Marte (0,59), e Europa (0,49). Un altro indice utile è *l'ESI* (Earth similarity index, indice di similarità alla Terra). Per definizione la Terra ha ESI uguale ad 1 e poi Marte ha 0,70, Mercurio 0,60, la Luna 0,56 e Venere 0,44. Tale indice è meno utile del PHI per i corpi del nostro sistema solare mentre ha maggior rilevanza per i pianeti extrasolari dei quali non ci sono molti dati sull'abitabilità.

Le terre desolate

"Dove l'albero morto non ripara, il grillo non conforta, E la pietra riarsa non dà suono d'acqua."
Thomas Stearns Elliot

Sono state inviate delle sonde su alcuni pianeti e satelliti del nostro sistema solare. Iniziando da Mercurio, non in ordine temporale, il Mariner 10 fu lanciato nel 1973 con l'obiettivo di sorvolare e studiare Mercurio. Le osservazioni mostrarono subito, come ci si aspettava, che si trattava di un deserto sterile.

Mercurio è un po' più grande della Luna, come la Luna non ha atmosfera e temperature estreme: circa 400 °C di giorno e −180 °C di notte. Un luogo assolutamente ostile alla vita.

Venere è un pianeta poco più piccolo della Terra con scarse quantità di acqua. Distribuendola uniformemente si otterrebbe uno strato di 3 cm di profondità, a confronto dei 3 km della Terra. La temperatura media è dell'ordine di 464 °C persino maggiore di quella di Mercurio ed una pressione 90 volte maggiore di quella terrestre. Queste alte temperature sono dovute ad un notevole effetto serra. L'atmosfera presenta un 96% di anidride carbonica, e 3,5% di azoto. Essendo Venere più vicino al Sole riceve più calore, l'acqua è evaporata molto più che sulla Terra e l'effetto serra ha riscaldato notevolmente la temperatura del suolo e ciò ha prodotto una ulteriore evaporazione e incremento dell'acqua nell'atmosfera che a sua volta ha accresciuto l'effetto serra. Nell'atmosfera la radiazione ultravioletta ha dissociato l'acqua in idrogeno che si è disperso nello spazio ed ossigeno, che ha reagito con i composti della crosta. Visto che l'acqua non rimase sulla superficie l'anidride carbonica non si legò alle rocce e si concentrò nell'atmosfera aumentando l'effetto serra. Ad altezze tra 50 e 60 chilometri, nell'atmosfera di Venere la temperatura si aggira tra i $-20\,°C$ e $+70\,°C$, e la pressione è simile a quella della superficie terrestre, con la conseguenza che questa regione potrebbe essere abitabile. Comunque in tale zone è presente acido solforico. In questo ambiente potrebbero vivere microorganismi *termoacidofili* che si trovano sulla Terra. Da dati della sonda *Venus Express* lanciata nel 2005, si è speculato sulla presenza di oceani su Venere, miliardi di anni fa, quando il Sole era più freddo e la zona di abitabilità era più stretta. Quindi la vita si sarebbe potuta formare e poi adattarsi alla zona dell'atmosfera indicata prima. A prova che su Venere potrebbe esistere la vita è la scoperta di un composto (solfuro di carbonile) che è difficile da riprodurre senza la presenza di vita. Un altro composto, la *fosfina*, è stato scoperto nella nube di Venere quattro anni fa. La scoperta ha suscitato polemiche, in quanto successive osservazioni non l'hanno trovata. La stessa squadra che ha scoperto il composto ha effettuato tornata ulteriori osservazioni. I dati, dicono i ricercatori, contengono prove ancora più forti della presenza di fosfina nelle nubi di Venere. La fosfina è potenzialmente un biomarcatore.

Marte, il quarto pianeta, noto ormai come *pianeta rosso* ha una situazione relativa alla presenza di acqua e di vita è un po' più positiva rispetto a Venere. Come abbiamo visto nell'introduzione è l'oggetto del sistema solare che più ha stimolato la fantasia dell'esistenza di civiltà extraterrestri, i famosi *marziani*. Come già riportato, nell'introduzione le immagini del Mariner 4 nel 1965 furono un colpo al cuore di chi credeva che Marte ospitasse la vita. Si continuò però a sperare fino al 1976 epoca alla quale furono eseguiti i famosi esperimenti delle sonde Viking, che esistessero delle forme di vita primitiva. A questa missione ne sono seguite tante altre, ma ancora non è chiaro al 100% se Marte ospiti vita microbica o se l'abbia ospitata nel passato. Marte non ha una densa atmosfera perché avendo una massa dieci volte minore di quella terrestre ed una gravità 38% di quella Terrestre, non riesce a trattenerla. Riceve metà della luce solare, rispetto alla Terra e quindi ha temperature basse, $-46\,°C$ di media. Questo, l'assenza di una atmosfera densa e l'assenza di acqua allo stato liquido in maniera permanente, rendono il pianeta non adatto alla vita. Il pianeta non ha uno strato di ozono e questo insieme ad altri composti su di esso presenti possono distruggere la materia organica. Su Marte si osservano delle strutture a forma di canale che fa pensare che ci fossero fiumi nel passato e fotografie della *Mars Global Surveyor* hanno mostrato l'effetto di flussi di acqua in tempi recenti, qualche decennio fa. Le immagini della sonda *Mars Reconaissance Orbiter* hanno mostrato che ci sarebbe acqua salata sulla superficie nei mesi estivi. Alcuni studi concludono che circa 3,8 miliardi di anni fa su Marte ci fossero degli oceani che poi sono scomparsi. Il motivo è legato all'anidride carbonica. A quell'epoca remota, su Marte ci doveva essere parecchia anidride carbonica proveniente dall'attività vulcanica. Con la presenza dell'anidride carbonica la temperatura doveva essere più alta di quella di oggi, con una media superiore ai 0 °C. Col passare del tempo, l'anidride carbonica fu in parte riassorbita nelle rocce, ed inoltre col raffreddamento della parte interna del pianeta il vulcanesimo andò sempre calando fornendo sempre meno anidride carbonica. Da 3 miliardi di anni ad ora la radiazione ultravioletta avrebbe scisso l'anidride carbonica in carbonio ed ossigeno che sarebbero stati trascinati nello spazio dal vento solare. Tale perdita è legata all'assenza del campo magnetico che forma una magnetosfera bloccando il vento solare. L'assenza del campo magnetico è probabilmente dovuta al raffreddamento interno del pianeta, se esso si forma con un meccanismo simile a quella della dinamo. L'anidride carbonica restante si è condensata nelle calotte polari. Anche l'acqua avrebbe subito una fine simile a quella dell'anidride carbonica. L'acqua probabilmente fu presente su Marte per 2, 3 miliardi di anni. Quando essa scomparve, se sul pianeta c'era vita questa scomparve con l'acqua, ed oggi potremmo trovare resti fossili, come nel caso di ALH84001 (ma come detto non è chiaro se i resti nel meteorite fossero di vita marziana). Quindi probabilmente nel lontano passato esisteva vita su Marte, ma esiste ancora? Se esistesse è più probabile che si trovi nelle rocce rosse sedimentarie o sotto la superficie a pochi centimetri o centinaia di metri. La convinzione che ancor oggi esista vita su Marte è legata alla presenza di metano atmosferico e ai dati delle sonde Viking. Nel 1976 i moduli Viking 1 e 2 atterrarono su Marte. Oltre a fornire foto del pianeta, furono effettuate analisi del suolo marziano. Nell'analisi non si trovò materia organica e questo è già strano perché la materia organica cade letteralmente dallo spazio. Gli esperimenti biologici che furono effettuati cercavano un metabolismo degradativo o biosintetico. Cosa vuol dire? Nel metabolismo degradativo le molecole organiche di nutrimento, come i carboidrati, i lipidi e le proteine provenienti dall'ambiente extracellulare o da riserve accumulate nella cellula, sono degradate da reazioni a tappe successive in prodotti finali più semplici e a minore peso molecolare, come l'acido lattico, l'anidride carbonica e l'ammoniaca. Nel metabolismo biosintetico accade il contrario, molecole di base sono utilizzate per formare i grandi componenti macromolecolari cellulari, come le proteine e gli acidi nucleici. Tali esperimenti diedero risultati parzialmente positivi. In particolare l'esperimento nel quale veniva fornito carbonio-14 radioattivo ottenendo diossido di carbonio. Nonostante ciò, le conclusioni della NASA furono che su Marte non c'è alcuna traccia di vita, conclusione legata specialmente al fatto che non venne trovata materia organica. L'ingegnere ideatore dell'esperimento, Gilbert V. Levin continua a sostenere che le conclusioni della NASA non erano corrette e che il risultato ottenuto fu dovuto ad attività biologica. Recentemente si è appurato che la materia organica presente su Marte fu distrutta a causa di particolari sali (*perclorati*) che furono ritrovati sullo stesso suolo dalla sonda *Phoenix* nel 2008. Nei test furono usate alte temperature ed a queste temperature quei sali distruggono la materia organica. Questi risultati portano a reinterpretare i dati dando credito a ricercatori come Schulze-Makuch e Joop Houtkooper secondo i quali i risultati hanno una spiegazione più logica dal punto di vista biologico e che nei campioni marziani c'era probabilmente vita. Nel 2015 Javier Martin-Torres usando i dati del rover Curiosity mostrò come i detti sali producano degli effetti macroscopici sulla superficie marziana. Gli esperimenti dei Viking furono progettati per processi metabolici tipici dei microorganismi terrestri. Già a quei tempi Sagan ed altri dissero che anche se i risultati fossero stati negativi avrebbero escluso solo un sottoinsieme dei microorganismi marziani. Inoltre gli esperimenti non potevano escludere la presenza di vita in altre parti del pianeta o nel sottosuolo. Nel 2004 la sonda Mars Express rivelò del metano nell'atmosfera marziana. Successive analisi nel 2012 dal rover Curiosity diedero esito negativo, ma nel 2014 esso fu trovato nuovamente. Tale metano può essere prodotto dal vulcanesimo o dalla vita. Gran parte del metano terrestre è di origine biologica. Inoltre la quantità di metano cambia in diverse regioni di Marte con le stagioni, cosa che porterebbe a pensare che possa essere prodotto da microorganismi *metanogeni*. Questi batteri sono presenti sulla Terra. Come fonte di energia utilizzano l'idrogeno molecolare. Sono presenti in gruppi di microorganismi nei quali la fermentazione di batteri e funghi libera idrogeno. Anche se il metano avesse origine vulcanica, la cosa ha implicazioni biologiche perché il calore "geotermico" necessario per liberare il metano potrebbe mantenere liquida l'acqua sotterranea. Il programma ExoMars è costituita da due missioni: la prima include il lancio del Trace Gas Orbiter avvenuta nel 2016 e la seconda quella di portare il rover Rosalind Franklin e sarà lanciata nel 2028. Questo programma ha lo scopo di chiarire la questione della vita su Marte.

Tra Marte e Giove, come già detto c'è una fascia di piccoli corpi rocciosi, la *fascia degli asteroidi*.

Cerere con i suoi 950 chilometri di diametro è il maggiore. Nel 2014, l'Osservatorio Spaziale Herschel confermò che Cerere contiene acqua e dall'atmosfera espelle fino a 6 chilogrammi di vapore al secondo. La sonda Dawn della

NASA ruota dal 2015 intorno a Cerere per avere più dati sulla composizione e possibilità e abitabilità. La missione si è conclusa nel 2018. Dai dati si pensa che Cerere si sia formato in una situazione *fredda e bagnata* e quindi potrebbe aver acqua nel sottosuolo. Sotto 100 chilometri di ghiaccio ci potrebbe essere un nucleo roccioso ed in mezzo un oceano salato. Come sappiamo, nelle sorgenti idrotermali sottomarine, sulla Terra, esistono forme di vita, ma su Cerere probabilmente non c'è sufficiente calore interno. Comunque, sono state scoperte delle molecole di carbonio ed idrogeno che possono formare i composti di base della vita. I Cinesi dovrebbero lanciare una sonda su Cerere in questo decennio per approfondire gli studi di *Dawn*.

Plutone è stato declassato a pianeta nano, come Cerere, nel 2006. È stato visitato dalla missione *New Horizons*. Presenta abbondante acqua ghiacciata ed una debole atmosfera composta da metano ed azoto. Presenta composti organici, ma è improbabile che su Plutone si sia sviluppata la vita.

Mondi giganti

Dopo la fascia degli asteroidi inizia la regione dei giganti del sistema solare.

Giove è il primo pianeta gigante, con una massa più di trecento volte quella terrestre. È una stella mancata. Se avesse avuto una massa 13 volte maggiore, secondo le ultime stime, sarebbe stata una stella, una *nana bruna*. Nelle nane brune non si innescano le reazioni di fusione dell'idrogeno, ma quelle del deuterio ed oltre le 65 masse gioviane avviene la fusione del litio. Perché avvenga la fusione dell'idrogeno è necessaria una massa superiore a circa 80 masse gioviane. Giove ha un'atmosfera molto estesa costituita da idrogeno ed elio e sotto di essa un nucleo roccioso di 10 masse terrestri con temperature enormi, 20 000 °C e pressione 500 volte quella al livello del mare sulla Terra. La temperatura esterna invece è molto bassa, intorno a −110 °C. La forma predominante di carbonio è il metano e sono presenti acetilene, etano, acido cianidrico che si formano come in un gigantesco esperimento di chimica prebiotica usando il calore interno dovuto alla formazione ed enormi e potenti scariche elettriche. In questo enorme laboratorio è molto improbabile che gli elementi che si formino possano andare oltre a dar luogo ad elementi probiotici complessi. Il pianeta ha un gran numero di satelliti, 95, e quattro furono scoperti da Galileo nel 1610, i *satelliti galileani*: Io, Europa, Ganimede e Callisto. Di questi Ganimede è il più grande ed è più grande di Mercurio. Callisto non è molto più piccolo.

Io, con oltre 300 vulcani attivi, è l'oggetto geologicamente più attivo del sistema solare. L'estrema attività geologica è il risultato del riscaldamento ma-

Figura 5.1 Giove e i quattro satelliti medicei di Giove in un fotomontaggio che ne mette a confronto le dimensioni. Dall'alto: Io, Europa, Ganimede, e Callisto. (Credits: Nasa)

reale dovuto all'attrito causato al suo interno da Giove e dagli altri satelliti galileani. Molti vulcani producono pennacchi di diossido di zolfo che si elevano fino a 500 km sulla sua superficie. Dei quattro satelliti galileani o medicei (Fig. 5.1), i più interessanti per quanto riguarda la vita, sono gli altri tre. Hanno una superficie fatta di ghiaccio, non hanno un'atmosfera, e la densità è indicativa del fatto che oltre di ghiaccio sono fatti di rocce interne. Ci sono prove che tutti i tre satelliti siano dotati di oceani tra la crosta di ghiaccio esterna e la parte rocciosa interna. Alla distanza alla quale questi tre satelliti si trovano, non dovrebbe essere presente acqua liquida e oceani sotto la superficie. Ciò è possibile per lo stesso motivo per il quale Io è ricoperto di vulcani: le forze mareali. Queste generano abbastanza calore da sciogliere il ghiaccio e formare degli oceani di acqua liquida. Nel 2023, l'Agenzia Spaziale Europea ha fatto partire la missione JUICE (Jupiter Icy Moon Explorer, Esploratore delle Lune Ghiacciate di Giove). L'obiettivo della missione è Giove e le sue tre lune ghiacciate. La missione studierà le condizioni di formazione del pianeta e la possibilità che esista vita, specialmente sulle tre lune.

Europa ha una superficie ghiacciata, liscia e con pochi crateri, con temperature tra $-160\,°C$ all'equatore e $-220\,°C$ ai poli. È stato studiato dalle sonde Voyager 1 e 2, e per 8 anni dalla sonda Galileo. Ha una debole atmosfera di ossigeno e presenta *criovulcani*, ossia vulcani che emettono materiale a bassa temperatura come acqua, ammoniaca, metano, ecc. Si pensa che l'acqua sia ascesa dall'interno formando una crosta di ghiaccio tra 10 e 30 chilometri di spessore. Sotto il ghiaccio ci sarebbe un oceano salato con massa maggiore degli oceani terrestri. L'energia che permette l'esistenza di acqua allo stato liquido in un satellite così lontano dal sole deriva dalle forze di marea prodotte da Giove. Le forze di marea provocano all'interno di Europa continui movimenti, il che può rendere l'oceano interno abbastanza caldo da poter ospitare forme di vita. La sonda Galileo individuò in alcune aree di Europa fuoriuscite di biossido di carbonio e di zolfo, entrambi possibili segnali di vulcanesimo. Il calore che i vulcani possono generare sale fino in superficie, trasportato dalle correnti oceaniche. Dopo Marte, Europa è considerato il corpo del sistema solare con maggiore interesse biologico. Nella crosta si sono trovati silicati e potrebbe esserci materia organica proveniente da asteroidi e comete. Non si sa se su Europa esista la vita, comunque ci sono condizioni compatibili con la vita negli oceani. Si tratterebbe di ambienti molto simili alle bocche idrotermali presenti sulla terra nelle profondità degli oceani e in special modo simili al Lago Vostok, in Antartide. Il lago Vostok è sepolto sotto 4 chilometri di ghiaccio da almeno 25 milioni di anni. Lo spessore del ghiaccio non permette alcun tipo di processo fotosintetico. Questo fa di quest'ambiente un modello ideale per determinare come una potenziale biosfera potrebbe sopravvivere negli oceani di Europa. La vita in un oceano del genere potrebbe somigliare alla vita microbica presente sulla Terra nelle profondità oceaniche. Abbiamo parlato delle modalità di vita nelle bocche idrotermali nel Cap. 4. Le forma di vita nei fondali oceanici prosperano nonostante la mancanza di luce solare e costituiscono una catena alimentare del tutto indipendente, la cui base è un batterio che ricava energia dall'ossidazione di sostanze chimiche reattive, come l'idrogeno e l'acido solfidrico, che provengono dall'interno della Terra. L'esistanza della vita richiede solamente acqua ed energia, e non dipende necessariamente dal Sole. Analisi effettuate dalla sonda Galileo suggeriscono la presenza di molecole organiche su Europa. Similmente a quello che si è supposto per la Terra primordiale, gli impatti meteorici sono stati una possibile fonte di composti organici. Lo shock dell'impatto, inoltre, può aver dato il via a processi di sintesi organica. Simulazioni al computer hanno mostrato che impatti di comete hanno portato su Europa da 1 a 10 miliardi di tonnellate di carbonio, quindi Europa disporrebbe di una notevole riserva di elementi *biogenici*, con forti implicazioni nella possibilità di sostenere la vita. Come detto, la vita potrebbe esistere raggruppata attorno alle bocche idrotermali sul pavimento oceanico, dove potrebbero esistere forme di vita simili agli *endoliti* terrestri, che vivono nei piccolissimi interstizi tra una roccia e l'altra. Un'altra possibilità è che come le alghe e i batteri nelle regioni polari della Terra, la vita potrebbe esistere aggrappata alla superficie inferiore dello strato di ghiaccio che ricopre il satellite. È stato anche ipotizzato l'esistenza di qualche esempio di *macrofauna* in presenza di un significativo ricambio dello strato superiore dei ghiacci. Richard Greenberg, nel 2009, ha mostrato che i raggi cosmici potrebbero originare un processo che farebbe sì che gli oceani di Europa potrebbero raggiungere una concentrazione di ossigeno maggiore di quelli della Terra in appena qualche milione di anni. Se la vita nascesse come sulla Terra, come vita anaerobica, l'ossigeno potrebbe porre fine a questo tipo di vita ma potrebbe sostenere grandi organismi che utilizzano ossigeno come i pesci. Oltre a JUICE, si avranno più informazioni su Europa grazie alla missione *Europa Clipper* della NASA che dovrebbe essere lanciato nell'Ottobre 2024.

Ganimede è il più grande satellite del sistema solare, ha come Europa una crosta di ghiaccio e temperatura superficiale di circa $-173\,°C$. La sua densità è 2/3 di quella di Europa e questo fa pensare che contenga più acqua di quest'ultimo. La sonda Galileo, nel 2002, rivelò la presenza di un campo magnetico probabilmente prodotto dal movimento di acqua liquida salata e dal nucleo metallico. Il telescopio Hubble ha osservato una tenue atmosfera di ossigeno. L'ossigeno dovrebbe essere prodotto per effetto delle radiazioni incidenti sulla superficie, che determinano la scissione di molecole di ghiaccio d'acqua presenti sulla superficie in idrogeno e ossigeno, e non sarebbe una prova dell'esistenza di vita su Ganimede. Nel 1996 nell'atmosfera è stato pure scoperto l'ozono. Il Telescopio Hubble ha anche osservato delle aurore e da queste si è dedotto che l'oceano di Ganimede, profondo 100 chilometri, probabilmente contiene più acqua degli oceani terrestri. L'oceano di Ganimede, a differenza di quello di Europa, non è localizzato tra due strati ghiacciati, ma dovrebbe avere una struttura a sandwich. La missione JUICE studierà anche Ganimede.

Callisto è il satellite più pesantemente craterizzato del sistema solare. La sua superficie butterata sovrasta una crosta spessa 80–150 chilometri mentre, e ad una profondità di 50–200 km, si troverebbe uno strato di acqua liquida e salata dallo spessore di 10 chilometri riscaldato dalla radioattività. Questo oceano è stato scoperto attraverso studi del campo magnetico attorno a Giove e ai suoi satelliti più interni. Callisto non partecipa alla *risonanza orbitale* che coinvolge gli altri 3 satelliti galileiani, quindi non subisce i riscaldamenti mareali, che originano i fenomeni endogeni presenti su Io ed Europa. Privo di campo magnetico interno e appena al di fuori della fascia di radiazione di Giove, Callisto è composto, più o meno in egual misura, da rocce e ghiacci con la più bassa densità tra i satelliti galileani. Sulla sua superficie è stata rilevata la presenza del ghiaccio d'acqua, dell'anidride carbonica, di silicati e composti organici. Callisto è circondato da una sottile atmosfera composta di anidride carbonica biossido e ossigeno molecolare, nonché da una ionosfera. Come Europa e Ganimede, si pensa che la vita extraterrestre potrebbe esistere in un oceano salato sotto la superficie di Callisto. Tuttavia, le condizioni sembrano essere meno favorevoli su Callisto che su Europa. Le principali ragioni sono la mancanza di contatto con materiale roccioso e il minor flusso di calore proveniente dall'interno di Callisto.

Saturno ha anch'esso un gran numero di satelliti naturali, 146. L'interesse astrobiologico di alcuni dei suoi satelliti non è inferiore a quello dei satelliti di Giove di cui abbiamo parlato. Per questa ragione, la NASA, l'ESA, e l'Agenzia Spaziale Italiana hanno organizzato una missione, la Cassini-Huygens, lanciata nel 1997 e terminata nel 2017, con il compito di studiare il sistema di Saturno, comprese le sue lune e i suoi anelli.

Encelado è il sesto maggior satellite di Saturno, con un diametro di 500 chilometri, ghiacciato e soggetto a intense forze di marea prodotte da Saturno e dal satellite Dione. Queste forze di marea riscaldano l'interno del satellite facendo in modo che esso presenti oceani tra strati di ghiaccio e nuclei rocciosi. Nel 2005, Cassini rivelò degli enormi geyser nel polo sud, originantesi da quattro fratture di circa 130 chilometri di lunghezza, 2 chilometri di larghezza e 500 chilometri di profondità. Da queste fratture viene espulso gas con acqua, anidride carbonica, monossido di carbono, metano, ammoniaca e una specie di cocktail di sostanza organiche di interesse prebiotico. La temperatura può superare i 90 °C cosa che indica che la fonte sotto la superficie è calda e acquosa. Nell'emisfero sud dovrebbe esistere un oceano interno di acqua salata, sotto una crosta di ghiaccio di 15–25 chilometri. Per stabilire se sia possibile che esista la vita come nelle fumarole nere terrestri, nel 2015 Cassini attraversò uno dei geyser a 49 chilometri dal suolo prelevando campioni da analizzare. La sonda ha rilevato la presenza di idrogeno molecolare che è un potenziale nutriente per la vita microbica e evidenze di attività idrotermale nel fondale marino di Encelado, fattore favorevole alla vita. Encelado è l'unico luogo nel sistema solare nel cui è stata dimostrata l'esistenza di attività idrotermale e quindi è uno dei luoghi più adatti ad ospitare la vita (escludendo la Terra). Vista la possibile presenza di vita sul satellite sono state programmate svariate missioni.

Titano (Fig. 5.2) è il maggior satellite di Saturno dotato di una superficie solida ed una atmosfera considerevole. Il satellite è stato studiato dalla sonda Cassini che arrivò su Saturno ed i suoi satelliti nel 2004, seguita dalla sonda Huygens poco tempo dopo. L'atmosfera di Titano ha una pressione più alta del 50% di quella terrestre ed è costituita da dal 95% di azoto, 5% di metano ed idrogeno. Ci sono nubi di metano, etano, idrocarburi policiclici aromatici e altri complessi organici. Titano, similmente alla Terra (che presenta un ciclo dell'acqua), presenta un ciclo del metano che include piogge che insieme all'etano ed altri idrocarburi alimentano i fiumi e formano laghi e mari, a temperature intorno a −180 °C. Il metano solidifica a circa −182 °C, e que-

Figura 5.2 Saturno, Titano e paesaggi di Titano. (Credits: Nasa)

sto spiega la presenza del metano liquido. Le masse liquide superficiali sono le prime scoperte nel sistema solare, oltre la Terra. Nell'emisfero nord ci sono grandi mari. I dati della sonda Huygens-Cassini indicano che potrebbe esserci un oceano liquido sotterraneo di acqua ed ammoniaca ad una profondità di 100 chilometri. Sono presenti dune di materia organica, soprattutto nella zona equatoriale. Alcuni esperimenti hanno osservato la formazione delle basi azotate (come sappiamo, i mattoni del DNA e dell'RNA) e di aminoacidi quando viene applicata dell'energia ad un composto gassoso simile all'atmosfera di Titano. È stata la prima osservazione di formazione di nucleotidi e amminoacidi in assenza di acqua liquida. Le fonti energetiche su Titano sono gli elettroni della magnetosfera di Saturno, i raggi cosmici, e la luce ultravioletta. Titano assomiglia ad un enorme esperimento di Miller-Urey. Visto che sul satellite non c'è acqua, la NASA non è interessata al suo studio. Come vedremo nel Cap. 9, è però teoricamente possibile che esista la vita con un solvente differente dall'acqua, il metano nel nostro caso. Nel 2010, i dati della sonda Cassini hanno mostrato anomalie nella composizione dell'atmosfera di Titano prossima alla superficie della luna. In un primo studio si è messo in evidenza che l'idrogeno scompaia nei pressi della superficie. Il secondo ha messo in evidenza la mancanza di tracce di acetilene, composto che dovrebbe essere abbondante in un'atmosfera di metano. Questi risultati sono stati spiegati in termini di presenza di vita che potrebbe essersi sviluppata anche in assenza di acqua, utilizzando al suo posto gli idrocarburi. La respirazione cellulare avverrebbe assorbendo idrogeno invece dell'ossigeno e facendolo reagire anziché con lo zucchero con l'acetilene per produrre metano al posto dell'anidride carbonica. Il consumo di queste sostanze nei pressi della superficie di Titano potrebbe comunque essere dovuto a reazioni inorganiche. La presenza di criovulcani da speranza che ci sia vita basata sull'acqua.

Anche la luna di Nettuno Tritone ha un certo interesse biologico.

Tritone, ha dimensioni simili a quelle della nostra Luna e sembrerebbe essere stato catturato da Nettuno. Infatti ha una rotazione in senso contrario a quello di Nettuno. Ha una debole atmosfera ed è geologicamente attivo. Sotto la superficie di Tritone potrebbe esistere un oceano ricco di ammoniaca, azoto liquido, e metano. Si è supposto che su Tritone possa esistere la vita basata sul silicio invece che sul carbonio. Esiste anche una certa abbondanza di composti organici. La possibilità di vita nell'oceano di Tritone è sicuramente inferiore a quello di Europa, ma non si può scartarla. Comunque l'ipotetica vita extraterrestre su Tritone non sarebbe come la vita sulla Terra a causa delle temperature estreme, le condizioni ambientali (azoto e metano) e per il fatto che la luna giace all'interno della pericolosa magnetosfera di Nettuno, dannosa per le forme di vita biologiche.

Volendo fare una sorta di classifica dei luoghi più abitabili del sistema solare in base all'indice PHI, avremmo al primo posto Titano (0,64), e poi Marte (0,56), Europa, Ganimede e Callisto (0,47), Venere (0,37), Encelado (0,35), Cerere e Tritone (0,23) e Plutone (0,22).

Le nostre ultime discussioni ci dicono che nonostante i tanti sforzi fatti dagli anni '70 del secolo scorso ad ora, eseguendo studi teorici, inviando sonde in posti sperduti del nostro sistema solare, non abbiamo prove che nel nostro sistema solare esista la vita e che se anche esistesse si tratterebbe di vita microbica. Non troveremo su nessun oggetto del sistema solare palazzi, città abitate da altre civilizzazioni. La cosa è un po' deludente, ma non ci possiamo fare granchè. Nel nostro sistema solare sembra proprio che siamo soli, se parliamo di civiltà tecnologiche. Nonostante questa delusione, la ricerca di vita nei nostri dintorni spaziali non dà alcun segno di smettere. Abbiamo visto che ci sono svariate missioni programmate per chiarire il problema della vita sui satelliti dei pianeti giganti e su Marte. Perché investire denaro e sforzi a cercare di trovare al massimo qualche batterio? Ci sono almeno due motivi. Il primo è che l'uomo per sua natura è curioso e tale nostra caratteristica ci ha spinto lontano: dalle caverne allo spazio. Poi c'è un secondo motivo. Trovare qualche forma di vita elementare nel nostro sistema solare ci farebbe capire che nonostante non riusciamo a capire come nasca la vita, come descritto nel Cap. 4, evidentemente la natura è più intelligente di noi ed ha trovato delle strade per accorciare i tempi di nascita della vita e che quindi quest'ultima è una tendenza naturale. Se fosse così l'Universo potrebbe brulicare di vita. Questo vorrebbe dire, come già detto, seguendo Aleksandr Ivanovich Oparin

> "L'origine delle vita è una parte inalienabile del processo generale dello sviluppo dell'Universo e, in particolare, dello sviluppo della Terra."

In altre parole è come se la comparsa degli organismi viventi non sia un avvenimento accidentale, ma sia implicito ai processi irreversibili di sistemi lontani dall'equilibrio, come sosteneva Ilya Prigogine. Esisterebbe una relazione tra processi di autorganizzazione spontanea e la nascita della vita. È come se esistesse una sorta di necessità nel mondo della non vita che lo spinge nella direzione del vivente. Il disordine non costituisce la regola per la materia, ma solo uno stadio intermedio che si muove nella direzione della creazione di un disordine sempre inferiore fino al raggiungimento dell'ordine e quindi della vita.

6

L'universo e la vita

C'è da rimanere senza fiato al pensiero che la Terra, la nostra casa, un frammento insignificante di un enorme Universo costituito da centinaia di miliardi di galassie possa essere l'unico luogo sul quale si è sviluppata ed esiste la vita. Come diceva Carl Sagan

> "Il nostro pianeta è un granellino solitario nel grande, avvolgente buio cosmico. Nella nostra oscurità, in tutta questa vastità, non c'è nessuna indicazione che possa giungere aiuto da qualche altra parte per salvarci da noi stessi."

È veramente così, siamo soli nell'Universo? Certo ad oggi non abbiamo una risposta a questa domanda, ma se vogliamo discutere delle possibilità di vita nell'Universo bisogna che lo conosciamo dalla sua origine fino ad oggi. In questo modo potremmo capire quali sono i luoghi più probabili dove la vita può apparire. Dobbiamo conoscerlo per capire quali sono le sue possibili *zone di abitabilità*.

Oggi sappiamo che l'Universo si è originato dal Big Bang 13,8 miliardi di anni fa ed è in espansione accelerata. Fra l'altro tale espansione non ha la minima influenza negativa sulla vita. Le centinaia di miliardi di galassie che lo costituiscono si sono formati grazie all'azione della forza di gravità. Le prime, secondo le ultime osservazioni del telescopio James Webb sono sorte alcune centinaia di milioni di anni dopo il Big Bang. La stessa forza di gravità fa collassare le nubi di gas e polvere che si trovano all'interno delle galassie e dà origine alle stelle, quando quattro nuclei di idrogeno si fondono a formare l'elio. La fusione all'interno di stelle come il Sole non va oltre la formazione del carbonio. Gli elementi più pesanti quali l'ossigeno, il fosforo, lo zolfo e il ferro, anch'essi importanti come il carbonio per la vita, si formano in stelle più massive. Le stelle vivono finché hanno materiale per la fusione e quelle più massive consumano più rapidamente il materiale necessario alla fusione e vivono meno delle stelle più piccole. Mentre una stella come il Sole può vivere 10 miliardi di anni, quelle che hanno masse dieci volte di più vivono alcuni milioni di anni e terminano la loro vita, come abbiamo già visto, con una grande esplosione, le *supernove*. Esse sono molto utili perché disperdono nello spazio gli elementi importanti per la vita. Come diceva Sagan, siamo *polvere di stelle*. Nel Cap. 4, abbiamo accennato a come si formano i pianeti. I primi sistemi planetari erano carenti di elementi pesanti e da questo possiamo concludere che in essi non poté formarsi vita come oggi la conosciamo. Come discusso nel Cap. 4, si pensa che la vita apparve in pianeti di seconda o terza generazione, come il nostro. I pianeti di seconda generazione apparvero probabilmente 2 miliardi di anni dopo il Big Bang. Se esiste la vita nell'Universo e se ha seguito strade simili a quelle seguite sulla Terra, apparendo meno di un miliardo di anni dopo la formazione del pianeta, questo vorrebbe dire che potrebbero essere esistiti pianeti con la vita già 3 miliardi di anni dopo il Big Bang. In altri termini, già 11 miliardi di anni fa, nell'Universo potrebbero esserci stati pianeti con la vita batterica e circa 7 miliardi di anni fa sarebbe potuta apparire la vita complessa come quella umana. In quanti luoghi nell'Universo ciò è potuto accadere?

Le culle della vita

Il nostro Universo è molto grande, si discute anche se esso sia infinito. Noi possiamo osservare gli oggetti fino a 43,5 miliardi di anni luce. In questo enorme spazio esistono centinaia di miliardi di galassie e visto che ogni galassia contiene mediamente 100 miliardi di stelle, nell'Universo osservabile ci dovrebbero essere qualcosa come 10^{22} (1 seguito da 22 zeri) stelle.

In questa immensità, noi ci troviamo nella galassia detta Via Lattea, a circa 26 000 anni luce dal suo centro. La Via Lattea è una galassia spirale (Fig. 6.1), a struttura di disco con diametro di circa 10 000 anni luce. Compie una rotazione in 230 milioni di anni. La stella più vicina, Proxima centauri, si trova a 4,2 anni luce. Se la nostra galassia potesse essere inserita in un campo di calcio di 100 m, Proxima Centauri si troverebbe a 4,2 mm. Intorno alla galassia c'è un gruppo di altre galassie che formano il *gruppo locale*. Questo gruppo, insieme ad altri gruppi, fa parte di un *ammasso di galassie* (Fig. 6.1) l'*ammasso della Vergine*. A loro volta gli ammassi, che possono contenere decine di migliaia di galassie ed avere dimensioni pari a 30 milioni di anni luce formano i *superammassi*. Nell'Universo ci sono anche altre strutture: zone quasi sferiche

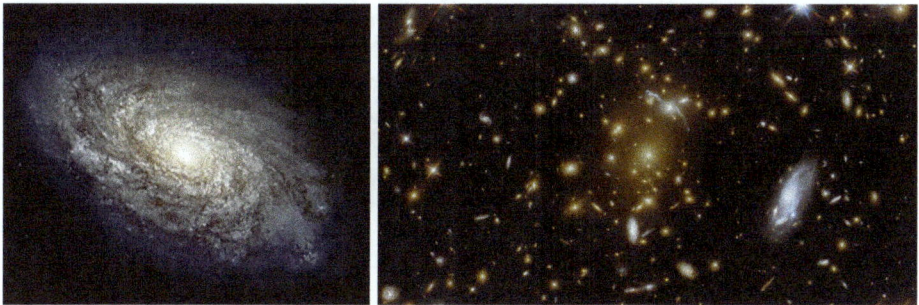

Figura 6.1 Galassia a spirale NGC 4414, e ammasso di galassie eMACS J1823.1+7822. (Credits: ESA/Hubble & NASA, H. Ebeling)

grandi come gli ammassi con pochissimo contenuto di galassie, detti *vuoti*, e sono delimitate da *filamenti di galassie*. Una domanda legittima da porsi e se esistano zone dell'universo più idonee per la nascita della vita. Come vedremo nel Cap. 7, oggi sappiamo che esiste un gran numero di pianeti nell'Universo. Nei prossimi capitoli parleremo di come sono stati scoperti e delle loro caratteristiche. La loro posizione all'interno delle galassie è uno dei fattori per la nascita della vita su di essi. Nel 1925, Edwin Hubble classificò le galassie a seconda della loro morfologia. Ci sono le galassie ellittiche, a forma di ellissoide, sono mediamente le più grandi e massive. Sono caratterizzate da stelle molto vecchie, fino a 12 miliardi di anni, ed hanno colore rosso, arancione. La densità è maggiore vicino al centro. Le galassie spirali, come la nostra, sono caratterizzate da un bulbo centrale vecchio ed ellittico dal quale partono le braccia a spirale. Questi ultimi abbondano in nubi di polvere e gas che originano nuove stelle. A predominare sono le stelle giovani (10 milioni di anni) ed azzurre. Ci sono poi le galassie irregolari che non hanno una struttura definita. La formazione stellare è abbondante. Le galassie S0, caratterizzate da un rigonfiamento e da un disco, sono più abbondanti delle ellittiche nella popolazione a bassa luminosità, e sono anche più abbondanti delle spirali negli ammassi di galassie. Quali fra queste galassie sono più adatte alla vita? Bisogna tenere in conto diversi parametri. Innanzi tutto perché si origini la vita su un pianeta all'interno di una galassia, esso deve trovarsi in una "zona di confort", una zona con condizioni adatte. Queste zone vengono dette *zone abitabili* (Fig. 6.2), o *zone Goldilocks* o *zone Riccioli d'Oro*.

Il nome deriva dal racconto Riccioli d'Oro nel quale una bambina si smarrisce nel bosco e arriva in una capanna vuota abitata da una coppia di orsi con il loro piccolo. Ogni cosa nella capanna è ripetuta in tre varianti differenti. Ci sono tre ciotole con del cibo, una molto fredda, l'altra molto calda e la terza a

Figura 6.2 Zona abitabile della nostra galassia. (Credits: NASA/JPL-Caltech/Lizbeth B. De La Torre)

giusta temperatura. Per la bambina ci sono sempre due scelte estreme mentre solo una è *quella giusta* per lei. Similmente alla favola, le zone abitabili sono le *zone giuste* entro le quali è teoricamente possibile per un pianeta mantenere acqua liquida sulla sua superficie. Sono anche zone nelle quali le "aggressioni" dell'ambiente galattico sono minime permettendo il fiorire della vita. Nella zona centrale delle galassie si trovano buchi neri giganti. La radiazione X e gamma prodotta dal disco di materiale attorno al buco nero sono dannose per la vita. Nel centro galattico sono frequenti le supernove. Il flash iniziale dell'esplosione può distruggere lo strato di ozono di pianeti vicini (fino a decine di anni luce) esponendo la vita ai raggi cosmici e alla radiazione ultravioletta. Le supernove sono frequenti anche nelle braccia a spirale, zone di formazione stellare e di alta densità stellare. In passato il passaggio del Sole nelle braccia a spirale viene spesso correlato alle estinzioni di massa, non solo per la presenza delle supernove ma perché passando dentro i bracci ed il disco galattico, le comete che si trovano nella nube di Oort possono essere destabilizzate e dirigersi verso il centro del sistema solare. Questa ipotesi è oggi abbandonata. Oltre le supernove, ancora più pericolose sono le *ipernove*, simili alle supernove ma con un rilascio di energia 100 volte maggiore. Allontanandoci dal centro galattico diminuiscono i rischi per la vita, ma allo stesso tempo diminuisce la quantità di elementi pesanti, indicata in astronomia col termine di *metallicità*. A maggiore metallicità corrisponde una maggiore frequenza di formazione planetaria, ma superando un certo limite vengono prodotti pianeti gassosi in eccesso, pianeti generalmente non adatti alla vita. Nel caso della nostra galassia la *zona abitabile* è un anello localizzato tra 15 000 e 38 000 anni luce.

Sotto 15 000 anni luce il buco nero, e le supernove impediscono la nascita della vita, e oltre i 38 000 anni luce non si formano abbastanza pianeti rocciosi come il nostro a causa della bassa metallicità. Nel 2015 il progetto *Esplorazione Digitale dello Spazio* ha analizzato 150 000 galassie vicine realizzando un "modello cosmobiologico" sull'abitabilità dell'Universo. Pratika Dayal, una astrofisica indiana, con i collaboratori hanno mostrato che le galassie con maggiore metallicità sono le più grandi e di solito sono ellittiche. Inoltre potrebbero ospitare 10 000 volte più pianeti abitabili rispetto alle galassie a spirale.

Il concetto di *zona di abitabilità* di una galassia può essere estesa alle stelle. Si tratta quindi di un anello attorno la stella nel quale l'acqua è allo stato liquido sulla superficie di un pianeta. Guardando il cielo si vede subito che le stelle non sono tutte uguali, ad esempio si vede che hanno colori diversi. La luminosità è correlata alla temperatura che è a sua volta correlata alla massa. I colori di una stella sono il frutto della combinazione di emissione di diverse lunghezze d'onda. Le stelle più calde appaiono blu perché emettono la maggior parte della loro energia nella parte blu dello spettro; le stelle meno calde emettono invece soprattutto nella parte rossa dello spettro. Cos'è lo spetro? Come aveva mostrato Newton, molti anni prima, se la luce bianca viene fatta passare in un prisma si scompone nei colori dell'arcobaleno. Se ora consideriamo una sorgente di luce, la facciamo passare in un contenitore con del gas freddo, e quindi facciamo passare la luce in un prisma, si osserveranno sullo spettro delle righe scure corrispondenti alle frequenze assorbite dal gas, formando uno *spettro di assorbimento*. Ogni gas assorbe frequenze precise, e le righe prodotte sono come le impronte digitali di un essere umano, uniche. Possono essere usate per studiare quale gas ha assorbito la luce. Se ora consideriamo un gas riscaldato e facciamo passare la luce in un prisma osserveremo di nuovo delle righe con le stesse frequenze dello spettro di assorbimento. Queste righe costituiscono lo *spettro di emissione*. Le stelle vengono classificate con la classificazione spettrale di Harvard, definita tra il XIX e XX secolo. La classificazione in lettere è la seguente: OBAFGKM RNS. Nella classificazione le stelle vanno dalle più calde e massive alle meno massive e rosse. Per fare qualche esempio, Orione è una stella blu, è di classe O ed ha una temperatura superficiale di 30 000 gradi. Rigel è di classe B è di colore bianco-azzurro ed ha temperatura di 12 000 gradi. La più luminosa stella del cielo, Sirio, è di classe A, ha colore bianco e temperatura di 9900 gradi. Il nostro Sole è di classe G2 (si, esistono classi miste, ciascuna tipologia si divide in sottotipi da 0 a 9), è di colore giallo ed ha una temperatura di 5700 gradi. Antares è una stella di tipo M è di color rosso,

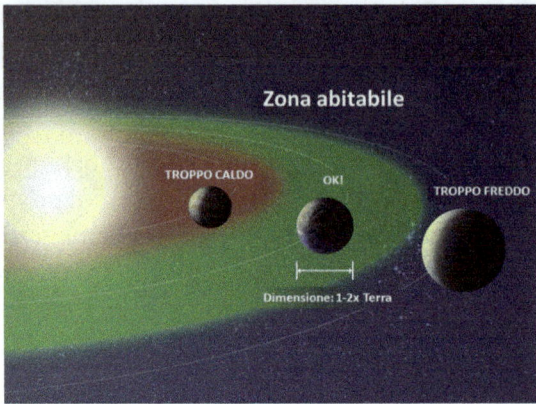

Figura 6.3 Zona abitabile stellare. (Credits: Nasa)

e ha una temperatura di 2200 gradi. Quali sono le stelle più adatta alla vita? Le stelle O, B, A fino ad F3 sono troppo energetiche e poco longeve, non sono adatte a sostenere la vita. Da F4 in avanti, insieme alle stelle G e K sembrano le più adatte a sostenere la vita grazie alla loro stabilità, anni di vita, e durata della zona abitabile. Le stelle G come il nostro Sole, sono favorevoli alla vita, ma circa metà di esse si è formata prima che gli elementi più pesanti fossero sufficienti alla formazione di pianeti di tipo terrestre. Un quarto di esse sono più giovani del Sole e quindi hanno avuto meno tempo perché nei loro sistemi planetari l'evoluzione raggiungesse i livelli di quelli terrestri. Attorno alle stelle esistono delle zone in cui la vita è possibile, dette *zone abitabili stellari* (Fig. 6.3).

Le stelle F e K emettono meno radiazione ultravioletta. In particolare le stelle K (nane arancioni, 5% del totale delle stelle) sono considerate le più adatte per la vita. Correlati a queste stelle sono i pianeti *superabitabili*. Tali mondi superabitabili sarebbero probabilmente più grandi, più caldi e più vecchi della Terra. Essendo queste stelle meno luminose del Sole la loro zona di abitabilità è più vicina alla stella. Erik Zakckrisson, stima che nell'Universo osservabile ci siano 7×10^{20} *terre* (con masse tra 0,5 e 5 volte quella della Terra e raggi tra 0,8 e 1,5 il raggio terrestre), e *superterre* (con masse nel range 5–10 masse terrestri e raggi nel range 1,5–2,5 raggi terrestri). Di questi pianeti, il 98% ruoterebbe intorno a stelle di tipo M e solo 20 miliardi in quelle simili al Sole. Stime diverse vengono da Geoffrey Marcey, secondo il quale ci sarebbero 40 miliardi di stelle simili al nostro Sole e visto che il 22% di tali stelle ha pianeti abitali, ci sarebbero 8,8 miliardi di pianeti simili alla Terra, abitabili. Invece, secondo uno studio del 2020, nella nostra galassia ci dovrebbero essere 6 miliardi di pianeti rocciosi con dimensioni simili alla Terra che ruotano intorno a stelle simili al Sole. In definitiva, anche considerando le stime con valori più bassi, nella nostra galassia dovrebbero essere presenti svariati miliardi di pianeti di tipo terrestre ruotanti intorno a stelle simili al Sole.

Se poi passiamo alle stelle di tipo M, queste sono le più abbondanti ed hanno una vita lunghissima, ossia c'è maggior tempo per l'apparsa e l'evoluzione della vita. Un problema con queste stelle è che nei loro primi miliardi di anni sono molto attive, sono caratterizzate da enormi emissioni di radiazione inclusa quella ultravioletta. Un altro problema è che i pianeti abitabili sarebbero localizzati vicino alla stella e l'interazione gravitazionale tra il pianeta e la stella porterebbe i pianeti a mostrare sempre la stessa faccia. Quindi una faccia sarebbe riscaldata continuamente e l'altra no e sarebbe molto fredda. In questi pianeti ci sarebbe solo una stretta regione in cui la vita sarebbe possibile. Le stelle più piccole hanno una massa pari a 8% la massa del Sole. Oggetti più piccoli non riescono ad innescare la fusione dell'idrogeno. Le stelle di questo tipo sono dette *nane brune* e non hanno zone abitabili. Tra circa 5 miliardi di anni nella sua evoluzione il Sole diventerà sempre più grande fino a lambire l'orbita della Terra, e diventerà una *gigante rossa*. Le stelle di tipo R, N, S, sono stelle ricche di carbonio e sono *giganti rosse*. Come il Sole non potrà supportare la vita fra 5 miliardi di anni, alla stessa maniera non possono farlo queste stelle. Oltre le stelle singole come il Sole, circa il 60% hanno delle compagne. È possibile la vita in sistemi doppi o tripli? Questo dipende da come sono localizzati i pianeti rispetto alle stelle. Nel caso le due stelle fossero vicine ed il pianeta distante ed esterno ad esse, le due stelle si comportano come se fossero una e la situazione è simile a quella delle stelle singole. L'altra possibilità è che le due stelle siano distanti ed il pianeta ruota intorno ad una di esse. Se la distanza fra le stelle è maggiore di 5 volte quella tra il pianeta e la stella attorno alla quale orbita, la situazione è nuovamente stabile. Se invece le stelle non sono abbastanza lontane dal pianeta, di solito non si arriva ad una situazione stabile ed il pianeta può essere espulso dal sistema. Sembrerebbe comunque che la gran parte dei pianeti in sistemi con due stelle appartengano ai primi due casi e quindi ci può essere una zona abitabile. Perché un pianeta ospiti la vita, basta che si trovi nella zona abitabile? La risposta a questa domanda e un secco no. Un esempio è Marte, che si trova nella zona abitabile, ma non sembra ospitare la vita. Ci sono tanti altri fattori che fanno di un pianeta nella zona abitabile un pianeta che ospita la vita. L'eccentricità è un fattore importante. Se essa è troppo grande e il pianeta si allontana molto dalla stella e alla massima distanza le temperature potrebbero diventare molto basse. Sembra che anche il periodo di rotazione abbia una certa importanza, perché le temperature non debbono cambiare troppo tra giorno e notte. Un altro fattore importante è la massa. Pianeti molto grandi, di solito gassosi, non riescono ad ospitare la vita perché mancano di una superficie solida. Pianeti piccoli come le "miniterre", con una massa inferiore a metà di quella terrestre non riescono a trattenere l'atmosfera contenente le molecole volatili tipiche degli elementi biogenici, e non riescono ad avere un'idrosfera e mari sulla superficie. Invece l'atmosfera c'è sicuramente su oggetti simili alla Terra, nelle *superterre* (massa tra 1,9 e 10 masse terrestri) e *megaterre* (massa superiore a 10 masse terrestri). Tra le superterre ci potrebbero essere i cosiddetti *mondi-oceano* dove l'acqua copre tutto il pianeta. Un altro aspetto fondamentale è la natura dell'atmosfera che è la chiave per innescare l'*effetto serra* che riscalderà il pianeta. Nel caso della Terra l'effetto serra è dovuto alla presenza di acqua ed anidride carbonica che riescono ad aumentare la temperatura media di circa 40 °C. Sara Seager sostiene che un altro gas di notevole importanza è l'idrogeno molecolare che è un gas serra molto efficace, tanto che secondo la Seager i pianeti che riescono a mantenerlo possono estendere il limite della zona abitabile della loro stella fino a 10 unita astronomiche. Sempre secondo la Seager l'acqua può estendere la zona abitabile verso la stella, tanto che potrebbero esistere pianeti fino a 0,5 unità astronomiche dalla loro stella. Un altro importantissimo fattore è il campo magnetico che sembrerebbe essere necessario per la vita. La presenza o meno di un campo magnetico su un pianeta dipende anche dalla sua massa. La presenza di pianeti di grande massa come Giove nel sistema solare potrebbero avere un'importanza sulla vita. Esistono studi che mostrano che dopo la formazione della Terra, Giove abbia scagliato mille miliardi di comete verso l'esterno del sistema solare, proteggendo la Terra. Queste conclusioni sono però state ribaltate da altri studiosi, poiché l'esistenza di Giove non permise l'aggregazione dei materiali tra Marte e Giove per formare un altro pianeta, e si formò la *fascia degli asteroidi* che sono pericolosi per la Terra. Inoltre comete ed asteroidi contengono acqua e composti organici di grande interesse probiotico. Un altro aspetto spesso discusso è quello del ruolo dei satelliti. Secondo alcuni studi la Luna sarebbe una sorta di stabilizzatore delle oscillazioni dell'asse terrestre, che potrebbero raggiungere gli 85° e sappiamo che variazioni di 1,3° dell'asse di rotazione possono spiegare le glaciazioni. Il paleontologo Peter Ward e l'astronomo Donald Brownlee affermano che i pianeti, i sistemi planetari e le regioni galattiche adatte alla vita complessa, allo stesso modo della Terra, del sistema solare e della nostra regione della Via Lattea sono estremamente rare, in accordo con l'ipotesi della *Terra rara*. Pare che lune grandi come la nostra non siano comuni e questo confermerebbe la loro ipotesi. Modelli più recenti di Jack Lissauer mostrano che l'effetto stabilizzatore della Luna è stato sovrastimato e che senza di essa l'oscillazione dell'asse non supererebbe i 20°. Ci si è pure chiesto se sia possibile la vita fuori dalle zone di abitabilità.

Come abbiamo detto prima, i pianeti che trattengono l'ossigeno molecolare potrebbero avere acqua liquida anche fuori dalle zone di abitabilità delle loro stelle. La vita potrebbe essere presente in alcuni satelliti di Giove e su Encelado, satellite di Saturno, grazie alla presenza di oceani sotterranei e grazie a processi come quelli che hanno luogo nelle zone delle fumarole nere, sott'acqua. Esiste anche la possibilità che ci sia vita che usi solventi diversi dall'acqua, come descritto nel Cap. 9, come nel caso di Titano sul quale scorre metano liquido. In questo caso si parla di *zona di abitabilità del metano*, ed essa è molto distante dalla zona di abitabilità classica localizzata vicino alla stella. Quindi la vita potrebbe non solo essere nata nelle zone di abitabilità delle stelle, ma anche fuori di esse. Se questo accadesse sarebbe una prova della sua "pervicacia".

7

I nuovi mondi

È noto che esiste un numero infinito di mondi, per il semplice fatto che esiste uno spazio infinito atto a ospitarli. Non tutti però sono abitati.

Douglas Adams

Il 17 febbraio del 1600 in piazza Campo de' Fiori a Roma fu arso vivo un filosofo, teologo e monaco domenicano con l'accusa di eresia da parte della Santa Inquisizione. Si trattava di Giordano Bruno. Fu dichiarato eretico perché negava la dannazione eterna, la Trinità, la divinità di Cristo, la verginità di Maria e la transustanziazione. Era anche un copernicano e convinto assertore del fatto che l'Universo fosse infinito, che le stelle fossero soli come il nostro attorno ai quali ruotavano pianeti come nel nostro sistema solare. Queste e tante altre idee considerate eretiche, erano state scritte nel libro *De l'infinito, universo et mondi*. Nei suoi scritti si legge

"Esiste un solo spazio generale, un'unica vasta immensità che possiamo liberamente chiamare vuoto: in questo vuoto sono presenti innumerevoli orbite come quella in cui viviamo e cresciamo."

ed ancora

"Io penso a un universo infinito. Stimo infatti cosa indegna della infinita potenza divina che, potendo creare oltre a questo mondo un altro e altri ancora, infiniti, ne avesse prodotto uno solo, finito. Così io ho parlato di infiniti mondi particolari simili alla Terra."

ed ancora

> "Un infinito campo e spazio il qual comprende e penetra il tutto. In quello sono infiniti corpi simili a questo, de quali l'uno non è più in mezzo de l'universo che l'altro; per questo è infinito, e però senza centro e senza margine … di maniera che non è un sol mondo una sola Terra un solo Sole ma tanti son mondi quant'è veggiamo circa di noi lampade luminose. In cui altri abitanti si muovono, vivono, vegetano e pongono in effetto gli atti de le loro vicissitudini."

Il monaco di Nola era riuscito in modo chiaro, sulla base di una rudimentale conoscenza della materia disponibile ai suoi tempi, a descrivere una teoria fisica dell'Universo, che assomiglia tanto a quello che oggi conosciamo. La descrizione dell'Universo infinito senza centro e margine è alla base della cosmologia moderna, e nei suoi scritti si parla di altri mondi e di extraterrestri che vivono su quei mondi la loro vita come noi la viviamo sul nostro. Altri pensatori, quali Bernard le Bovier de Fontenelle o Christiian Huygens sempre nel XVII secolo ma dopo Giordano Bruno continuarono a parlare di una pluralità di mondi. Strangemente andando avanti col tempo, queste idee non furono più accettate. Per James Jeans o Arthur Eddington la possibilità dell'esistenza di altri pianeti era da escludere. Le idee di Giordano Bruno erano molti avanti e rivoluzionarie per i suoi tempi. Fra l'idea che esistano altri mondi oltre al nostro e la verifica che l'idea fosse corretta, manca la prova osservativa e per questo bisogna arrivare agli anni '90 del secolo scorso. Questo perché è quasi impossibile vedere un pianeta ruotante intorno alla stella madre visto l'enorme bagliore generato dalla stella. La luce del Sole, per esempio, è un miliardo di volte più intensa della luce riflessa da Giove. Anche dedurne l'esistenza in maniera indiretta, come è stato fatto non è cosa semplice. Oggi sappiamo che ci sono diversi modi per farlo e che ora descriveremo.

Caccia ai pianeti extrasolari

Il primo metodo è legato ad un'idea molto semplice. Di solito diciamo che un pianeta ruota intorno alla sua stella. Questo non è esattamente corretto. La stella ed il pianeta ruotano intorno al comune centro di massa. Visto che una stella è molto più massiccia di un pianeta il centro di massa si troverà al suo interno o vicino alla sua superficie. Questo è il caso del Sole e degli altri pianeti del sistema solare. Pochi anni fa il gruppo di Stephen Taylor del Jet Propulsion Laboratory della NASA ha determinato la posizione del centro di massa del sistema solare con una precisione di 100 metri ed è stato dimostrato che si trova appena fuori dal Sole. Questo vuol dire che anche il Sole si muoverà intorno al centro di massa, ed oscillerà intorno ad esso. Ad esempio Giove produce sul Sole uno spostamento di una decina di metri al secondo in 12 anni, mentre la Terra produce uno spostamento di 0,1 m/s all'anno. Misurare tali movimenti non è cosa assolutamente facile. La domanda che ci si può porre è come si possa misurare tale spostamento. Un modo possibile è studiare il cambiamento della luce solare. Come? Usando l'*effetto doppler*. Un tipico esempio per illustrare quest'ultimo è quello dell'ambulanza. Quando essa si avvicina il tono della sirena è più acuto, mentre quando si allontana è più grave. Questo effetto funziona non solo con le onde sonore ma anche con quelle luminose, la luce. Se una sorgente di luce si muove verso di noi subisce un incremento della frequenza e ci appare più blu. Quando essa si allontana, la frequenza diminuisce e ci sembra più rossa. C'è uno strumento che permette di stabilire di quanto varia il colore della stella, lo spettrografo. Uno spettrografo è uno strumento che scompone la luce nelle componenti, lunghezze d'onda, di base, lo *spettro*. Come già detto, a causa dell'effetto doppler, se la sorgente si muove verso di noi le righe nello spettro si sposteranno verso il blu, se si allontana le righe si spostano verso il rosso. Usandolo e misurando le variazioni del colore si può determinare il moto avanti-indietro della stella. In questo modo si misura la *velocità radiale* la velocità della stella lungo il campo visivo dell'osservatore, rivolto verso la Terra. Herman Carl Vogel riuscì a misurare tale velocità verso la fine del XIX secolo. Nel 1899, Vogel applicò l'idea alla stella Spica e mostrò che si trattava di un sistema binario. Sebbene la stella compagna fosse troppo debole per essere osservata l'analisi spettroscopica mostrò che esisteva una compagna. Verso gli anni '50 del novecento erano state catalogate le traiettorie di oltre 15 000 stelle. L'astronomo russo naturalizzato statunitense Otto Struve propose nel 1952 di usare l'effetto doppler per cercare pianeti extrasolari. Sfortunatamente la tecnologia del tempo produceva misurazioni della velocità radiale con errori di 1000 m/s o più, rendendole inutili per il rilevamento di pianeti orbitanti. La geometria impone un altro limite. Il metodo dell'effetto doppler ha la massima efficacia quando il pianeta che contiene l'orbita appare di profilo rispetto all'osservatore. All'estremo opposto, se vi fosse un'orbita perpendicolare al nostro campo di vista, essa non potrebbe essere rivelata perché il pianeta non attirerebbe la stella nella nostra direzione. Inoltre bisogna fare una serie di correzioni visto che la stella non è un corpo solido ed omogeneo. La presenza di macchie solari ad esempio può nascondere l'influenza di un pianeta. Nonostante tutti questi problemi Struve pensava che il metodo potesse funzionare per rivelare i pianeti. Struve morì il 6 aprile del 1963. Nello stesso anno, Peter van den Kamp credette di aver osservato tale oscillazione nella Stella di Barnard, scoperta dall'astronomo Edward Emerson Barnard nel 1916. Situata nella costellazione dell'Ofiuco, la Stella di Barnard è così fioca in luce visibile che non può essere osservata a occhio nudo. Essa ha una caratteristica peculiare, ha il moto proprio più grande di ogni altra stella conosciuta, e per questo viene anche detta *Stella freccia di Barnard*. van den Kamp aveva iniziato la sua attività di cacciatore di pianeti già nel 1938 assieme ai suoi colleghi dell'osservatorio Sproul dello Swarthmore College, e proseguite nel corso di tutta la sua carriera. Per evitare errori individuali, le lastre fotografiche acquisite presso l'osservatorio Sproul venivano mostrate ad una media di dieci persone ciascuna. Nel 1963 l'astronomo dichiarò che attorno alla stella ci fosse un pianeta simile a Giove, con una massa lievemente maggiore, pari a 1,6 volte la massa di Giove ad una distanza di 4,4 unità astronomiche dalla Stelle di Barnard. Nel 1969 il risultato fu confermato, e nello stesso anno egli pubblicò un altro articolo nel quale sosteneva che i pianeti erano 2, uno con massa 1,1 masse gioviane e l'altro con massa pari a 0,8 masse gioviane. Prima di van den Kamp c'erano state diatribe sulla stella binaria 70 Ophiuchi. La scoperta di van de Kamp ricevette ampio credito nella comunità astronomica tra il 1963 ed il 1973. Nel 1973, George Gatewood e Heinrich Eichhorn, utilizzarono due diverse tecniche di misurazione su 241 lastre fotografiche acquisite presso gli osservatori Allegheny e Van Vleck e smentirono la scoperta di Van de Kamp. Quattro mesi dopo il lavoro di Gatewood ed Eichhorn, John L. Hershey pubblicò un articolo che metteva in relazione il cambiamento della posizione della Stella di Barnard con le modifiche e le rettifiche che avevano interessato le lenti del telescopio dell'osservatorio Sproul nel 1949 e 1957. van den Kamp era arrivato ad un risultato errato per un errore strumentale, ma egli non riconobbe mai di avere commesso errori e continuò a credere alla bontà della propria scoperta, che ribadì in articoli successivi, l'ultimo dei quali del 1982 e in un'intervista del 1985. Gli errori strumentali nelle lastre fotografiche dell'osservatorio Sproul condussero van de Kamp e i suoi colleghi ad annunciare la scoperta di pianeti attorno ad altre stelle quali Lalande 21185, 61 Cygni ed altre, scoperte poi tutte confutate. Comunque la storia attorno alla Stella di Barnard non finisce qui. Recentemente, nel 2018, un articolo su Nature aveva rivendicato l'esistenza di un pianeta almeno 3,2 volte più massiccio della Terra, risultato dei progetti Red Dots e CARMENES, smentito nel 2021. La ricerca di pianeti extrasolari era in realtà già iniziata nel 1855, quando il capitano W. S. Jacob, misurò anomalie nella stella binaria 70 Ophiuchi nell'orbita, tanto da fargli ritenere *"altamente probabile"* che queste fossero dovute alla presenza di un pianeta. Tra il 1896 ed il 1989, Thomas J. J. See sostenne che le anomalie erano dovute alla presenza di un *compagno oscuro* con un periodo orbitale di 36 anni connesso a una delle due stelle del sistema binario. A questa tesi si oppose Forest Ray Moulton che, nel 1899, pubblicò proprie analisi secondo le quali un sistema di tre corpi con i parametri orbitali descritti da See sarebbe risultato altamente instabile.

La storia degli errori nella ricerca dei pianeti extrasolari continuò con la scoperta nel 1989, del gruppo di David Latham di un oggetto avente una massa, nella loro stima, pari a 11 volte quella di Giove che ruotava intorno alla stella HD 114762. C'era il dubbio che si trattasse di una nana bruna, la scoperta fu però confermata solo nel 2012 e nel 2022 si è stimato che la massa è di 147 volte quella di Giove, quindi non si tratta di un pianeta, ma di una nana bruna. Un'importante scoperta fu quella del disco circumstellare attorno alla stella β Pictoris che rappresenta la regione in cui è in corso la formazione di nuovi pianeti oppure i residui di questo processo. Per arrivare alla scoperta certa di pianeti extrasolari, pianeti di massa simile a quella della Terra, bisogna aspettare il 1992. La scoperta non fece molto scalpore e non fu celebrata dai mezzi di comunicazione di massa perché la stella non era una stella "normale" ma una *stella di neutroni*. Di cosa si tratta? Bisogna ricordare alcuni elementi di evoluzione stellare (Fig. 7.2). Una stella si forma per collasso gravitazionale di nubi dense e fredde di gas molecolare. All'aumentare del collasso la nube si restringe e la sua temperatura centrale cresce fino a raggiungere valori tali da innescare la fusione nucleare, la fusione di quattro nuclei di idrogeno a formare un atomo di elio. Nel processo viene liberata energia. La stella si trova in equilibrio sotto l'azione della gravità che tende a farla collassare e quella della pressione del gas e di radiazione che tende a farla espandere. Questo equilibrio continua finché ci saranno reazioni di fusione. Nel caso di stelle di massa inferiore ad 8 masse solari, quando buona parte dell'idrogeno nel nucleo viene consumato diminuirà la pressione di radiazione capace di equilibrare la gravità e la parte centrale della stella si contrarrà innescando l'idrogeno in un guscio intorno al centro. A causa delle temperature più elevate, il tasso delle reazioni nucleari è maggiore e ciò determina un aumento di luminosità da parte della stella di un fattore compreso fra 100 e 1000. L'aumento della densità del nucleo e della sua temperatura si traduce in una espansione degli strati superficiali della stella. Poiché l'energia prodotta viene rilasciata su una superficie più grande e poiché parte di essa viene dissipata nell'espansione, ciò si traduce in una minore temperatura superficiale della stella. La stella diviene una *gigante rossa*. La vita della stella è prolungata dall'innesco dell'elio nel nucleo. Quando anche l'elio si esaurisce nel nucleo ci sarà una nuova espansione degli strati più esterni e ed una contrazione di quelli più interni permettendo all'elio di fondersi in un guscio attorno al centro. Le stelle di massa inferiore a 8 masse solari non hanno però una massa abbastanza grande da raggiungere la temperatura e la pressione necessari per fondere il carbonio ed esso, senza più essere sostenuto dalla pressione di radiazione, collasserà sotto il suo peso ed espellerà gran parte

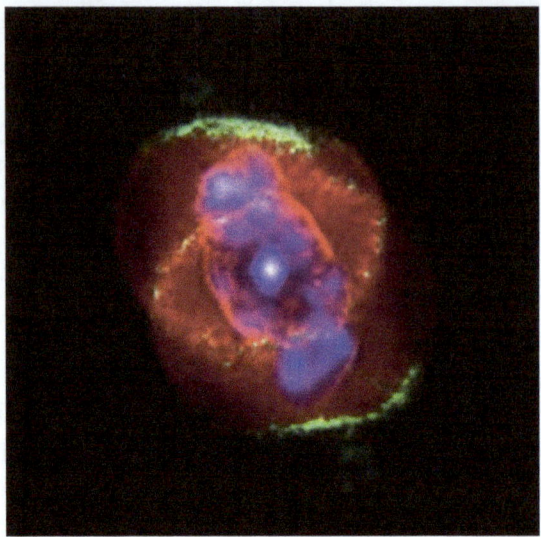

Figura 7.1 Nebulosa planetaria Occhio di gatto. (Credits: Nasa)

della sua massa formando una *nebulosa planetaria* (Fig. 7.1). Rimarrà solo il nucleo a formare una stella nota come *nana bianca*, con una massa simile al Sole, una dimensione mille volte inferiore ed una densità un milione di volte superiore a quella del Sole.

Oggi si conoscono molte nane bianche. La prima fu scoperta da Friedrich Wilhelm Bessel, grande matematico ed astronomo tedesco. Sirio è la stella più brillante del cielo. Il suo moto non segue una linea retta, ma si contorce in un moto serpentino. Ciò tradisce, in conformità con le leggi di Newton, la presenza di un compagno non facilmente visibile, almeno con la tecnologia dei tempi di Bessel. La compagna, detta Sirio B, fu scoperta vent'anni dopo. Ci si aspettava che la stella, essendo poco luminosa, fosse rossa, ed invece nel 1915 si vide che era bianca, con una massa simile a quella del Sole. Se la massa della stella è superiore ad 8 masse solari la temperatura e pressione al centro sono talmente alte da fondere gli elementi più pesanti del carbonio. Le reazioni di fusione del carbonio producono diversi prodotti, principalmente il sodio, il magnesio, l'ossigeno ed il neon. Similmente al caso dell'elio, a secondo della massa la fusione del carbonio può avvenire con un flash o meno. Questo effetto, l'espansione della stella e l'aumento di luminosità fa sì che la pressione di radiazione produca venti stellari e la stella a poco a poco perde massa. Quando la temperatura raggiunge gli 1,8 miliardi di gradi si producono le reazioni di fusione dell'ossigeno che produce elementi importanti per la vita come lo zolfo ed il fosforo. Iniziano dei processi di fotodisintegrazione del magnesio

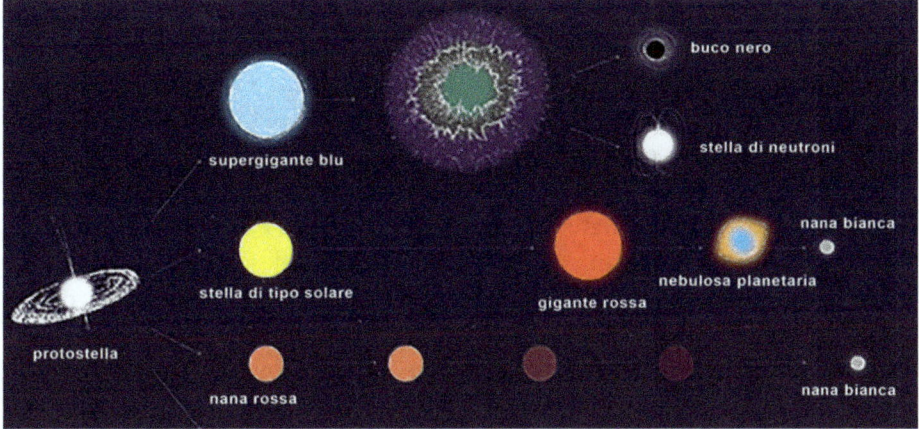

Figura 7.2 Fasi principali dell'evoluzione stellare. (Credits: ESA (https://www.esa.int/ESA_Multimedia/Images/2018/03/Stellar_evolution))

e a 3,4 miliardi di gradi quelle del silicio che porta alla formazione di nuclei più stabili, quali il ferro ed i suoi isotopi, fra i quali il ^{56}Fe (ferro), che è estremamente stabile. Se si vuole far fondere il ferro per formare un elemento più pesante è necessario fornire più energia di quella che viene liberata dalla fusione. Quando si arriva a questo punto, la fonte di energia nucleare al centro della stella si consuma. La stella presenta una struttura a cipolla: al centro si trova il ferro, ed andando verso l'esterno il silicio, l'ossigeno, il carbonio, l'elio e l'idrogeno. Quando si arriva a questo punto, la fonte di energia nucleare al centro della stella si consuma. La gravità non è ostacolata da nulla e può fare collassare la stella. I protoni, a causa delle alte pressioni, catturano elettroni formando neutroni. Questi processi (rottura dei nuclei, formazione di neutroni ed emissione di neutrini) consumano energia e favoriscono pertanto il collasso del nucleo formando una *stella di neutroni*, di circa 10 chilometri.

In questo caso, la stella produrrà un'enorme esplosione con un'intensità che puo' superare un'intera galassia. Questo stato viene indicato col nome di *supernova*. Nell'evento una gran quantità di materiale è scagliato nello spazio formando un *resto di supernova*. Oggi si conoscono parecchi resti di supernova, e uno dei più famosi è la famosa *nebulosa del granchio*. Questo è il resto di una supernova che esplose nel 1054 d. C. osservata dagli astronomi cinesi e che fu talmente luminosa che fu osservata per svariati mesi. La rotazione iniziale della stella, nel collasso viene amplificata per il meccanismo descritto di quando un pattinatore avvicina le braccia al corpo. Nel caso della stella di neutroni dentro la nebulosa del granchio, essa compie un giro ogni 0,03 secondi. La rotazione insieme al campo magnetico produce un'emissione di radiazione pulsata, come quella di un faro, visibile da molto lontano e l'emissione è così regolare da scandire il tempo con una precisione superiore a quella di un orologio atomico. Le pulsar furono scoperte nel 1967 da Jocelyn Bell, a Cambridge. Ci sono pulsar che ruotano molto più velocemente di quella del granchio, le *pulsar a millisecondo*. Si tratta di pulsar molto vecchie che non emettono più impulsi perché col tempo hanno perso energia e sono rallentate. In qualche maniera esse riescono ad attirare materiale da stelle vicine e ad essere riaccelerate. Nel 1983, Alexander Wolszczan andò a lavorare al radiotelescopio di Arecibo, nel Porto Rico. Essendo il telescopio rotto, e fu riparato dopo due anni, non si poteva orientarlo verso il piano galattico. Wolszczan poté quindi usare il radiotelescopio a suo piacimento ed osservare direzioni insolite nello spazio alla ricerca di pulsar. Egli scoprì la pulsar PSR B1257+12 nella costellazione della Vergine. Con l'aiuto di Dale Frail, che lavorava al VLA (Very Large Array) che è un telescopio costituito da 27 antenne nel New Mexico. Combinando i segnali di tutti i telescopi nel dicembre del 1991 Wolszczan e Frail trovarono perturbazioni nel segnale proveniente dalla pulsar e capirono che queste perturbazioni erano dovute a due pianeti di massa non inferiore a 3,4 e 2,8 volte quella terrestre e orbitanti rispettivamente a 0,36 e 0,47 unità astronomiche attorno alla pulsar PSR B 1257+12. Nel 1994 venne individuato un terzo pianeta con massa pari a due volte la Luna e orbitante a 0,19 unità astronomiche. Ora nasceva un problema. Come era possibile che dopo l'immane esplosione della supernova la pulsar restante avesse pianeti intorno? L'unica possibilità era che essi si erano formati, nella stessa maniera in cui si formano i pianeti, da materiale rimasto dopo l'esplosione. Comunque l'enorme radiazione dalla pulsar faceva capire che sicuramente i tre pianeti non potevano ospitare la vita. Questa scoperta metteva in evidenza il fatto che se esistevano pianeti persino intorno ad una pulsar dovevano esistere pianeti intorno alle stelle comuni. Infatti il 5 ottobre del 1995 Michel Mayor e Didier Queloz dell'Osservatorio di Ginevra diedero l'annuncio della scoperta di un pianeta extrasolare con massa simile a quella di Giove ruotante intorno alla stella 51 Pegasi.

51 Pegasi

Le osservazioni dei due astronomi furono effettuate all'Osservatorio dell'Alta Provenza che si trova su una collina, dotato di un telescopio non potentissimo di 1,93 m di apertura. I due astronomi avevano comprato del tempo di osservazione nel detto osservatorio perché lo strumento era disponibile per lunghi periodi di tempo. La parte forte dell'attrezzatura dei due astronomi era lo *spettrografo, ELODIE*, sviluppato presso l'Osservatorio di Marsiglia che fu applicato all'oculare del telescopio. Il dispositivo era collegato ad un usuale computer. I due astronomi usavano l'idea di Struve di cui abbiamo parlato già. Scomponendo la luce con lo spettrografo, osservavano lo spostamento delle righe spettrali. Se la sorgente si muove verso di noi le righe si sposteranno verso il blu, se si allontana le righe si spostano verso il rosso, a causa dell'effetto doppler. Abbiamo visto che la ricerca di pianeti extrasolari era già iniziata nel 1855, ma a quell'epoca ed anche nei decenni seguenti la tecnologia non era all'altezza di determinare lo spostamento delle righe spettrali. Negli anni '80 del secolo scorso la tecnologia era molto migliorata e molti astronomi si dedicarono a cercare pianeti. I gruppi principali che si interessavano a tale ricerca erano il gruppo di Bruce Campbell e Gordon Walker, della British Columbia; Geoffrey Marcy e Paul Butler di San Francisco; Artie Hatzes e William Cochran del Texas e più tardi dal gruppo degli svizzeri Mayor e Queloz. I due svizzeri iniziarono nell'aprile del 1994, parecchi anni dopo gli altri gruppi, ma la fortuna era dalla loro parte. La ricerca di un pianeta extrasolare è concettualmente molto semplice. Per prima cosa bisogna osservare gli spostamenti delle righe spettrali e dopo bisogna fare dei calcoli per determinare i parametri del pianeta. Ci si può chiedere come mai gli svizzeri arrivarono prima dei loro concorrenti, partiti in anticipo. La riposta è che riuscivano a fare i due lavori indicati molto bene. Marcy e Butler avevano degli strumenti più precisi, riuscivano a misurare moti stellari di 3 metri al secondo, mentre gli svizzeri solo 13 metri al secondo. Però, gli americani erano rallentati nella seconda fase, quella di calcolo, perché usavano un algoritmo di calcolo inferiore a quello degli svizzeri. I due americani decisero di fare tante osservazioni e di registrare i risultati e poi alla fine avrebbero fatto i calcoli necessari. Nel settembre 1994, gli svizzeri cominciarono a studiare una stella simile al Sole distante da noi 50 anni luce, la stella 51 Pegasi, che come dice il nome era localizzata nella costellazione di Pegaso. Nel dicembre del 1994, gli svizzeri dedicarono una settimana a 51 Pegasi e notarono delle cose strane. Sembrava che essa si muovesse su un'orbita circolare ad una velocità di 60 metri al secondo, una velocità molto grande mai osservata prima da nessun gruppo. Pensarono ci fossero problemi con lo spettrografo. Lo verificarono su altre stelle e sembrava funzionare a meraviglia. Quindi il fenomeno osservato era tipico di 51 Pegasi. A gennaio ripresero le osservazioni della stella e stabilirono che intorno ad essa doveva muoversi un oggetto con massa circa 60 per cento maggiore di quello di Giove e la cosa più assurda era che l'oggetto si muoveva su un'orbita più piccola di quella di Mercurio nel nostro sistema solare. La cosa era in contraddizione con la teoria di formazione planetaria, che abbiamo accennato nel Cap. 4. Secondo questa teoria esiste una linea, la *linea del ghiaccio* che indica la distanza entro la quale i materiali possono condensare a formare pianeti rocciosi. Oltre questa linea si formano i pianeti giganti gassosi. Nel sistema solare tale linea si trova a 2,7 unità astronomiche dal Sole. Ovviamente la posizione di tale linea dipende dalle caratteristiche della stella, ma 51 Pegasi è simile al Sole, quindi era assurdo trovare un pianeta come Giove a distanze dalla stella inferiori a quelle di Mercurio nel nostro. Negli anni seguenti questa stranezza fu spiegata col fenomeno della *migrazione planetaria* secondo la quale un pianeta nasce in una posizione sul disco e può spostarsi a causa dell'interazione del pianeta col disco. Questo avviene per i pianeti più massicci. Anche nel nostro sistema solare ci sono stati probabilmente delle migrazioni di Giove e Saturno, ma di piccola entità. Nel marzo del 1995, Mayor e Queloz stavano arrivando alla fine della loro ricerca. Il 4 luglio 1995, fecero un'ultima osservazione a notte inoltrata, a quattro mesi dalle ultime osservazioni, che confermò i loro risultati. Intorno a 51 Pegasi ruotava un pianeta con massa 60 per cento della massa di Giove che si muoveva in un'orbita molto stretta, di soli 4,23 giorni intorno a 51 Pegasi. Aspettandosi che il loro risultato fosse questo, avevano portato con se le proprie famiglie che festeggiarono con i due astronomi il grande evento. Il risultato fu riassunto in un articolo che fu presentato ad un congresso ad ottobre, a Firenze. Il pianeta 51 Pegasi b ha questo nome perchè si trova nella costellazione di Pegaso. È stato soprannominato Bellerofonte dal nome dell'eroe greco che domò il cavallo alato Pegaso. Successivamente fu rinominato Dimidium. Marcy e Butler verificarono il risultato degli svizzeri qualche giorno dopo il congresso. Riesaminando i dati che aveva preso per anni, ma non controllato, Marcy e Butler si resero conto di aver scoperto dei pianeti extrasolari prima degli svizzeri. Furono beffati dalla loro scelta di aspettare e leggere dopo i dati. Negli anni successivi furono scoperti svariati giganti gassosi orbitanti vicino alla loro stella, pianeti simili a 51 Pegasi. Questi pianeti vengono indicati col nome di *Hot Jupiters* (Giovi caldi). La supremazia quantitativa di tali pianeti rispetto agli altri era causata dell'effetto di selezione del metodo delle velocità radiali. Col miglioramento degli strumenti e con l'uso di altre tecniche sono stati rivelati pianeti molto diversi da questi. Nel 1999 fu scoperto il primo sistema planetario multiplo intorno alla stella Upsilon Andromedae e nello stesso anno si osservò il transito di un pianeta davanti alla loro stella madre, HD 209458 b. Come già detto la scoperta di Mayor e Queloz fu fatta con uno strumento che poteva apprezzare variazioni di 13 metri al secondo. Col nuovo spettrografo ELODIE si scese a 7 metri al secondo e con SOPHIE a 3 metri al secondo. Fu installato anche uno spettrografo, CORALIE, nell'emisfero sud all'Osservatorio de La Silla in Cile. CORALIE fu quindi sostituito con HARPS che arrivava a raggiungere il limite di 1 metro al secondo e col tempo raggiunse i 0,5 metri al secondo e 0,2 metri al secondo nelle osservazioni a piccola distanza, mille volte meno di quanto Otto Struve riteneva possibile negli anni '50 del Novecento. Nel 2009, l'analisi della stella *Gliese 581* rivelò l'esistenza di un pianeta con massa 1,9 volte la massa della Terra. Nel 2014, sempre con la tecnica delle velocità radiali fu scoperto un pianeta, Kepler-138 d di massa pari a quella terrestre ma che ruotava vicinissimo alla sua stella. Intanto è stato installato nel Telescopio Nazionale Galileo, ubicato nelle Canarie il sistema HARPS-N. Nel telescopio VLT (Very Large Telescope) (dotato di 4 telescopi con specchi di apertura di 8,2 metri) nel deserto di Atacama in Cile è stato installato ESPRESSO che può raggiungere una precisione di 10 centimetri al secondo, e che permette di rivelare pianeti con massa e orbita simili a quelli della Terra. Quando verrà terminata la costruzione del telescopio E-ELT (Telescopio Europeo Estremamente Grande) con uno specchio di apertura di 40 m, mediante l'uso dello spettrografo CODEX sarà possibile raggiungere il centimetro al secondo.

Occultazioni, e altre trappole per pianeti

Il metodo della velocità radiali, come già detto, è più sensibile a pianeti grandi e vicini alla stella centrale. Esistono altri metodi senza questo limite. Se il piano dell'orbita di un sistema extrasolare si trova di taglio rispetto a noi, il pianeta muovendosi occulterà parte della stella facendone diminuire la luminosità. Tale metodo è il *metodo dei transiti* (Fig. 7.3) o delle *occultazioni*.

I parametri che incidono sull'osservazione dei transiti planetari sono la dimensione del pianeta ed il periodo di rivoluzione. Una sola osservazione di un transito da indicazioni sull'esistenza di un pianeta ma non fornisce informazioni affidabili sul periodo di rotazione. È quindi necessario procedere

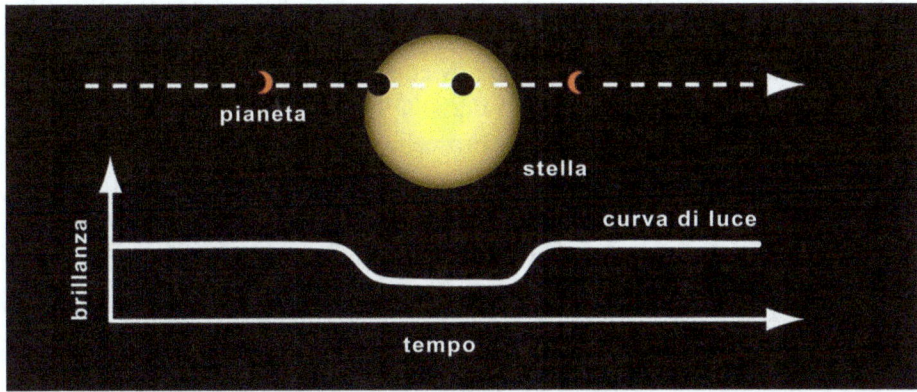

Figura 7.3 Metodo dei transiti. (Credits: Nasa)

all'osservazione di due periodi. Questo però può richiedere molto tempo. Nel caso di Giove, avente un periodo orbitale di 11,86 anni l'osservatore dovrebbe attendere almeno 36 anni. In altre parole col metodo dei transiti è più facile osservare pianeti grandi e vicini alla stella centrale. Il primo pianeta scoperto con questo metodo fu *HD 209458 b*, che nel 1999 fece diminuire dell'1,5% la luminosità della sua stella. HD 209458 b ha un raggio 40% superiore a quello di Giove, e un periodo di rotazione di mezza settimana. Il più grosso inconveniente del metodo dei transiti è che non permette di determinare la massa del pianeta a meno di combinarla, ad esempio, con la tecnica delle velocità radiali. Questo fu fatto per HD 209458 b e si trovò una massa di 0,7 volte superiore a quella di Giove. Il metodo dei transiti ha invece due notevoli vantaggi, quella di poter misurare la dimensione del pianeta, e di non necessitare grandi telescopi per misurare la diminuzione della luminosità della stella. Un gruppo del centro Harvard-Smithsonian ha sviluppato il progetto *Mearth*, con otto telescopi di 40 cm di apertura. Nel 2009 è stato così scoperto il pianeta *Gliese 1214 b. SuperWASP* è un progetto simile a quello americano, in cui ci sono due osservatori, come quello americano con telescopi di 10 cm di apertura. Ovviamente nello spazio, un luogo lontano a luci artificiali, polvere atmosferica e rifrazione dell'aria la situazione è ancora migliore. Nel 2006 l'Agenzia Spaziale Europea e quella francese hanno lanciato Corot che scoprì una trentina di pianeti, tra cui Corot-7 b, avente massa pari a 1,7 masse terrestri e terminò la sua attività nel 2012. Nel 2009, fu sostituito da un satellite della NASA, *Kepler*, con la missione di ricercare e confermare pianeti simili alla Terra in orbita intorno a stelle diverse dal Sole. Il tempo previsto per la missione era inizialmente di 3,5 anni, ma è stato ripetutamente esteso fino a concludersi ufficialmente ad ottobre del 2018. Nel suo periodo di attività ha osservato 530 506 stelle e rilevato 2662 pianeti, alcuni dei quali con condizioni potenzialmente adatti alla vita. Nel 2018 la NASA ha lanciato il sostituto di Kepler, il telescopio orbitale *TESS* (Transiting Exoplanet Survey Satellite) considerato il successore di Kepler. Mentre Kepler esaminava una limitata porzione della volta celeste, circa lo 0,28%, il TESS la esaminerà tutta, focalizzandosi su stelle dalle trenta alle cento volte più luminose di quelle osservate dal predecessore. C'è anche un progetto dell'Agenzia Spaziale Europea destinato allo studio dei pianeti extrasolari, CHEOPS (Characterizing Exoplanets Satellite) con obiettivo scientifico principale quello di studiare la struttura di pianeti extrasolari con raggi che vanno tipicamente da 1 a 6 volte quelli della Terra e con masse fino a 20 volte quella del nostro Pianeta, in orbita attorno a stelle luminose. L'Agenzia Spaziale Europea sta anche preparando la missione PLATO (Planetary Transits and Oscillations od Stars) un satellite munito di 34 piccoli telescopi di 12 cm dedicato alla ricerca di pianeti extrasolari intorno a stelle brillanti, con obiettivo principale quello di identificare pianeti extrasolari simili alla Terra attraverso il metodo del transito e misurare le oscillazioni delle stelle in torno alla loro orbita per determinare con un'accuratezza mai raggiunta prima la loro massa, il loro raggio e la loro età. Oltre i due metodi detti un pianeta extrasolare si può scoprire usando altre tecniche. Uno dei metodi è strettamente legato a quello delle velocità radiali. Come già detto una stella ed un pianeta si muovono intorno al centro di massa e ciò provoca un'oscillazione della stella. L'oscillazione può essere misurata con l'effetto doppler oppure direttamente, col metodo dell'astrometria. Questo metodo fu usato, come già detto, per la prima volta da Bessel. Osservando Sirio egli notò un moto non rettilineo che lo portò a pensare che la stella avesse una compagna che fu rivelata con l'osservazione diretta nel 1862. Se consideriamo il sistema Sole-Terra, escludendo gli altri pianeti, il centro di massa del sistema si troverebbe a 450 chilometri dal centro del Sole. Sole e Terra si muoverebbero intorno al centro di massa, ma visto che esso si trova quasi al centro del Sole, quest'ultimo si muoverebbe di una quantità impercettibile. Sostituendo la Terra con Giove, il centro di massa si troverebbe appena fuori dal Sole e l'effetto oscillatorio che Giove provoca sul Sole sarebbe 1650 volte maggiore. Nel caso dell'astrometria l'effetto del pianeta dipende dal prodotto della sua massa per la distanza dalla stella. Quindi questa tecnica fornisce risultati ottimali nel caso di sistemi planetari in stelle vicine e con pianeti massicci orbitanti lontano dalla stella principale e con orbite di lungo periodo. Nel 2013 l'Agenzia Spaziale Europea ha lanciato l'osservatorio orbitale *GAIA*. L'osservatorio sta ottenendo dati astrometrici di oltre un miliardo di stelle con una precisione duecento volte maggiore di quella del suo predecessore *Hipparcos*. Secondo alcune stime, alla fine della missione, GAIA potrebbe aver rivelato centinaia di migliaia di pianeti extrasolari. Un altro metodo è basato sulle previsioni della Relatività Generale di Einstein. A causa della deformazione dello spazio-tempo da parte delle masse, la luce viene deviata e si ha l'effetto *lente gravitazionale*. La verifica dell'effetto avvenne per la prima volta in un'eclisse del 1919. Nel 1978 un gruppo anglo-americano osservò una coppia di quasar che poi si capì essere l'immagine sdoppiata di un solo quasar per effetto lente gravitazionale. Nel 1985 fu osservata la cosiddetta *Croce di Einstein* (l'oggetto G2237+0305), ossia una lente gravitazionale che mostra quattro immagini dello stesso quasar intorno ad una galassia. Nel 1998 la collaborazione di un team di Manchester e del Telescopio Hubble scoprì il primo *anello di Einstein* (B1938+666). Tale oggetto è ottenuto dalla deformazione anulare della luce proveniente da una galassia. Anche nel caso di oggetti di tipo stellare, si può avere l'effetto lente, o più precisamente l'effetto *microlente gravitazionale* (Fig. 7.4) come proposto da Bohdan Paczynski nel 1986. Se dalla Terra si osserva, ad esempio, una stella

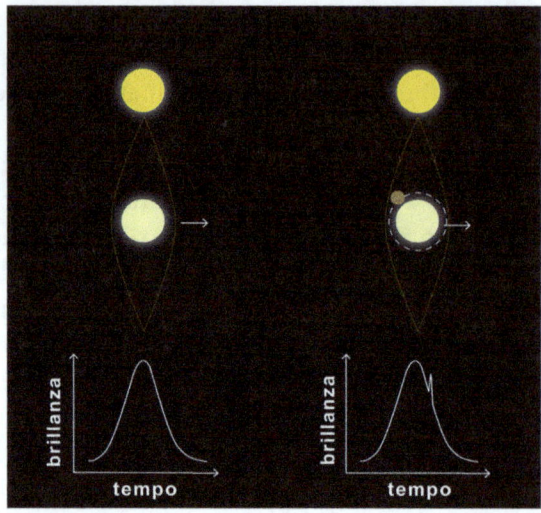

Figura 7.4 Tecnica della micro-lente gravitazionale. La curva di luce di un evento di microlensing senza (a sinistra) e con (a destra) un pianeta orbitante intorno alla stella. Il picco individua il pianeta. (Credits: ESA)

della Nube di Magellano ed un corpo taglia la congiungente tra osservatore e stella, si osserva un incremento della luce stellare.

Nel 1990 Paczynski inizio l'esperimento OGLE (Optical Gravitational Lensing Experiment). Dal 1992 al 2009 furono rilevati più di 4000 eventi legati a quasar, stelle binarie, ecc. Nel 2004, l'esperimento è stato migliorato ed ha permesso anche di rivelare pianeti, il primo fu un pianeta 2,6 volte più massivo di Giove e a 17 000 anni luce. Sono stati creati altri esperimenti simili, MOA (Microlensing Observations in Astrophysics) e KMT-Net (Korea Microlensing Telescope Network). Il metodo del microlensing permette la scoperta di esopianeti molto distanti, come quello scoperto nel 2015 che si trovava a 27 700 anni luce da noi. È stato pensato un telescopio spaziale, il WFIRST (Wide Field Infrared Survey Telescope) della NASA che dovrebbe essere lanciato nel 2025, e che 'caccerà' i pianeti, anche distanti e piccoli, col metodo della lente gravitazionale. Un altro metodo è quello del *cronometraggio (timing) delle pulsar*. Già discusso quando abbiamo parlato della scoperta dei primi pianeti extrasolari da Wolszczan. Infine rimane la *rivelazione diretta*. Sicuramente se si potesse osservare direttamente un pianeta sarebbe una bella cosa, ad esempio perché si potrebbe tentare di studiarne l'atmosfera cercando di capire se ospita la vita. L'osservazione diretta è molto difficile, come si può facilmente capire, perché la luce riflessa di un pianeta è enormemente minore di quella della stella. La luce del Sole è dieci miliardi di volte più intensa di quella della Terra, nel visibile, ma se consideriamo l'infrarosso si passa a soli dieci milioni. Per migliorare ancora le cose si può cercare di bloccare la luce della stella usando un sistema di blocco artificiale, detto *coronografo*. Il primo pianeta extrasolare osservato direttamente, nel 2004, è stato 2M1207 distante 170 anni luce dalla Terra, avente massa diverse volte quella di Giove, e ruotante intorno ad una nana bruna solo venti volte più luminosa del pianeta. Questo risultato fu ottenuto da un gruppo franco-statunitense che usò uno strumento di osservazione ad infrarossi accoppiato al VLT. Nel 2008 è stato possibile osservare un pianeta extrasolare con massa 3 volte quella di Giove nel visibile ruotante intorno alla stella Fomalhaut col telescopio spaziale Hubble. Nel 2009 fu annunciato che l'analisi di immagini risalenti al 2003 avevano rivelato un pianeta in orbita intorno a Beta Pictoris. Nel 2012 fu osservato un pianeta di massa 12,8 masse gioviane in orbita intorno a Kappa Andromedae col telescopio Subaru. Nel 2015 fu scoperto un gigante gassoso in orbita intorno a 51 Eridani a 96 anni luce dalla Terra. Il numero di pianeti osservati direttamente è oggi prossimo al centinaio e si tratta quasi in tutti i casi di giganti gassosi, con masse superiori a Giove. Verranno usati anche radiotelescopi per la ricerca di pianeti extrasolari. Il radiotelescopio cinese FAST (Five hundred meter Aperture Spherical Telescope), attualmente è il radiotelescopio più grande e più sensibile al mondo, tre volte più sensibile del radiotelescopio dell'Osservatorio di Arecibo. Questo strumento verrà usato per la detezione di pianeti extrasolari, e quando verrà completato contribuirà alla ricerca anche il radiotelescopio SKA (Square Kilometre Array).

In definitiva oggi abbiamo diversi metodi per rivelare i pianeti extrasolari che si sono rivelati molto efficaci. Al 27 marzo del 2024, il sito dell'*Encyclopaedia of exoplanetary systems* riporta la scoperta di 5652 pianeti extrasolari. Questo numero per quanto significativo è molto piccolo rispetto alle stime dei pianeti extrasolari nella nostra galassia che come già detto dovrebbe essere di centinaia di miliardi. I pianeti scoperti sono di tipo diverso: dai Giovi Caldi ai pianeti simili alla Terra, che sono i pianeti che più ci interessano per la ricerca della vita nel cosmo. Che tipi di pianeti abbiamo scoperto, ce n'è qualcuno che potrebbe essere abitabile? Ne parliamo nel prossimo capitolo.

8

C'è vita sui pianeti extrasolari?

Agli inizi degli anni Novanta del secolo scorso, gli astrofisici pensavano che grazie all'avanzamento della tecnologia, dai tempi di Otto Struve, e grazie ad un po' di fortuna sarebbero riusciti ad identificare i pianeti extrasolari attorno a stella vicine. E come abbiamo raccontato, fu proprio quello che accadde con le scoperte di Wolszczan e poi quella di Mayor e Queloz. Oggi sono stati scoperti più di 5000 pianeti con distanze comprese tra 4,2 e 27 700 anni luce. Alcuni sono meno massivi della Luna, mentre altri hanno masse prossime a quella di una nana bruna, e con raggi nel range 2000–200 000 chilometri. La varietà dei pianeti extrasolari scoperti è talmente vasta che non possiamo usare la classificazione usata per il nostro sistema solare ed allo stesso tempo essi non sono un campione rappresentativo di quelli esistenti nella nostra galassia. Il nostro interesse riguarda fondamentalmente l'abitabilità di questi pianeti. Quindi vedremo se nei gruppi in cui si possono dividere ci sono pianeti abitabili.

Pianeti di tipo gioviano

Il primo gruppo di oggetti è quello dei pianeti di tipo gioviano, con masse simili a quelle di Giove e Saturno. Un tipo di pianeti inesistenti nel nostro sistema solare sono i *Giovi caldi*, pianeti con masse gioviane ma vicinissimi alla stella, la cui esistenza come abbiamo già detto, si può spiegare con la *migrazione planetaria*.

Ossia essi sono nati lontano dalla stella e poi sono lentamente "scivolati" verso di essa. 51 Pegasi b, il primo pianeta extrasolare scoperto è un Giove caldo. Questi oggetti ovviamente non sono interessanti per quanto riguarda la vita. Sono gassosi, non hanno una superficie ed in più hanno temperature altissime dalla parte illuminata e freddissime dall'altra parte. Date le alte temperature la *nebbia* esistente su questi pianeti è costituita da silicati e ferro fuso. Esistono poi i *Giovi freddi* ossia in una situazione simile al nostro Giove e poi i *Giovi eccentrici*, la loro orbita è molto eccentrica, ossia è molto allungata. Tutti questi tre tipi di pianeti non possono essere abitabili, ed inoltre i *Giovi caldi* ed i *Giovi eccentrici* col loro movimento nel sistema non permettono la formazione di pianeti di tipo terrestre dove si potrebbe formare la vita. Quindi sono estremamente negativi per quanto riguarda la nascita della vita.

Pianeti tipo Nettuno

Questi pianeti hanno masse intermedie tra quelle terrestri e gioviane, con massa tra 1 e 50 volte quella della Terra. Anche in questo caso si hanno *pianeti nettuniani caldi* e *pianeti nettuniani freddi*. *Gliese 436 b* è un pianeta nettuniano caldo che ruota ad appena 4 milioni di chilometri dalla stella ed ha una massa del 30% superiore a quella di Nettuno. Anche questi pianeti sono deleteri per la vita, perché possono migrare come i pianeti di tipo gioviano ed inoltre non sono adatti ad ospitare la vita.

Mininettuni e superterre

I *mininettuni* sono pianeti simili a Nettuno, con massa 10 volte quella terrestre e quindi sono dotati di un nucleo roccioso centrale e uno spesso mantello di gas. Le *supeterre* hanno masse tra 2 e 10 masse terrestri. Esse non hanno però la stessa struttura, composizione ed abitabilità della Terra. I primi pianeti extrasolari scoperti sono proprio superterre. Sono i primi due pianeti scoperti da Wolszczan attorno alla pulsar PSR B1257+12, ossia PSR B1257+12 c, e PSR B1257+12 d, con masse rispettivamente 4,1 e 3,8 la massa della Terra. Questi pianeti sono ovviamente non abitabili. Le radiazioni provenienti dalla pulsar sono assolutamente letali. *Gliese 876 c, d*, ed *e*, sono superterre in orbita intorno ad una nana rossa. Gliese 876 c con massa 5 volte quella terrestre sembra che abbia condizioni simili a quelle di Venere, mentre Gliese 876 d con una massa 7,7 volte quella terrestre, orbita invece all'interno della zona abitabile, in corrispondenza del suo limite esterno. Gliese 876 e, ha una massa di 1,9 masse terrestri, orbita intorno alla sua stella in 3,15 giorni ad una distanza media di 0,03 unità astronomiche. Si ritiene che il pianeta sperimenti un riscaldamento mareale almeno 100 volte superiore a quello che il satellite Io subisce da Giove. Esiste una lunga lista di superterre, 288, scoperte da Kepler. È possibile che una superterra abbia una struttura più simile ad un gigante che alla Terra. Ovviamente la ricerca di pianeti extrasolari punta a trovare oggetti che siano simili alla Terra non solo per la loro massa e dimensioni, ma per le loro capacità di ospitare la vita.

Esoterre

I pianeti che non solo rassomigliano la Terra per massa e dimensioni ma per l'abilità, sono le cosiddette *esoterre*. Nel 2009 fu scoperto Gliese 581 e, un pianeta extrasolare con massa due volte inferiore a quello della terra, localizzato a 4 milioni di chilometri perché possa ospitare qualche forma di vita. Nel 2010, Steven Vogt, insieme ad altri, scoprì Gliese 581 g, che chiamò Zarmina, in onore della moglie. Trovandosi nella zona abitabile di Gliese, ed essendo inoltre il pianeta più simile alla Terra mai individuato fino ad allora, si riteneva che avesse le potenzialità per ospitare la vita. Peccato che la sua esistenza sia stata smentita nel 2014. Kepler ha scoperto molti pianeti con dimensioni simili alla Terra, con raggi di poco superiori, e in alcuni casi, ha individuato perfino pianeti più piccoli della Terra, come quelli che orbitano attorno a Kepler-42 o Kepler-20 e, il primo esopianeta scoperto più piccolo della Terra che orbita attorno a una stella di tipo solare. Secondo uno studio del 2020, Michelle Kunimoto e Jaymie M. Matthews, nella nostra galassia ci dovrebbero essere 6 miliardi di pianeti rocciosi con dimensioni simili alla Terra che ruotano intorno a stelle simili al Sole.

Pianeti abitabili

Quindi le stime sul numero di pianeti abitabili sono molto positive, ma ne sono stati rivelati? Si, ad oggi sono più di una cinquantina. La svolta è stata data col lancio dalla missione Kepler nel 2009. Per avere maggiori probabilità di trovare pianeti abitabili, Kepler fu puntato in una zona del cielo lontano dall'eclittica, evitando polveri, disturbo dalla fascia di asteroidi e di Kuiper. Fu scelto un campo vicino alla costellazione del Cigno, adatto ad evitare le regioni centrali della galassia. Hanno anche contribuito le osservazioni da Terra quali ad esempio l'osservatorio TRAPPIST (Transiting Planets and Planetesimals Small Telescope-South, Piccolo telescopio per pianeti e planetesimi in transito), un telescopio robotico di 60 cm installato presso l'Osservatorio di La

Figura 8.1 Il sistema di TRAPPIST 1 e quello solare. (Credits: Nasa)

Silla, nel 2010. MiChael Gillon e colleghi, nel 2015, ha utilizzato il telescopio per osservare la stella nana rossa 2MASS J23062928-0502285, che è ora nota anche come TRAPPIST-1 (Fig. 8.1), hanno scoperto tre pianeti terrestri con il pianeta più esterno che sembra essere all'interno della zona abitabile della piccola stella.

Nel 2017, il telescopio spaziale Spitzer ha studiato la stella scoprendo altri 4 pianeti, alcuni dei quali situati nella zona abitabile. Descrivere tutti i pianeti in zona abitabile sarebbe una cosa lunga e noiosa, quindi ne consideriamo solo alcuni, quelli che hanno composizione rocciosa, con masse inferiori a 6 masse terrestri. Abbiamo visto che i parametri che vengono usati per stabilire la similarità con la Terra e l'abitabilità sono l'indice PHI e l'ESI (Earth similarity index, indice di similarità alla Terra). L'ESI ha maggior rilevanza per i pianeti extrasolari, rispetto al PHI, dei quali non ci sono molti dati sull'abitabilità. La maggior parte dei pianeti trovati nella *zona abitabile conservativa*, ossia quella parte della zona abitabile dove le condizioni favorevoli rimangono tali per buona parte della vita, sono pianeti che ruotano intorno a nane rosse. Un problema comune a questi pianeti è il fatto che ruotano intorno alla stella in *rotazione sincrona*, ossia rivolgendo sempre lo stesso emisfero verso la stella madre. Questo fa sì che una parte sia molto calda e l'altra fredda. In questo tipo di pianeti la vita dovrebbe essere concentrata nella zona del *terminatore* o *circolo di illuminazione*, la linea fittizia che delimita la parte illuminata dalla parte in ombra. Le nane rosse hanno anche il problema di essere soggette a violenti brillamenti, specialmente nella fase giovanile, provocando grossi problemi alla vita. Il pianeta con ESI più alto scoperto finora è *Teegarden b*, con un ESI pari a 0,95, ruotante intorno alla stella nana rossa, Teegarden. *Teegarden b* ruota molto vicino alla stella in *rotazione sincrona*. La stella Teegarden ha circa 8 miliardi di anni e non dovrebbe avere il problema dei brillamenti. Intorno alla stella ruota anche *Teegarden c* che ha un ESI di 0,68 e dovrebbe essere simile a Marte, anche se ha massa più grande. Un altro pianeta che si trova nella *zona abitabile conservativa*, con ESI pari a 0,93 e con massa al massimo due volte quella terrestre e che ruota insieme ad altri due compagni intorno alla nana rossa TOI 700 è *TOI 700 d*. Sul pianeta con una temperatura media di 22 °C dovrebbe scorrere l'acqua liquida, ma esso presenta i problemi dei pianeti rotanti intorno alle nane rosse. *Kepler-1649 c* ha un ESI pari a 0,92, ha massa molto simile a quella terrestre e forse anche la sua temperatura media è simile alla temperatura terrestre. Non è nota la composizione dell'atmosfera e conseguentemente non si sa se sia presente acqua liquida. La stella madre è una nana rossa, con brillamenti che potrebbero ostacolare pesantemente lo sviluppo della vita sul pianeta. Intorno alla nana rossa *2MASS J23062928-0502285* nota anche come *Trappist-1* ruotano 7 pianeti. Il più interessante per quanto riguarda la vita è *TRAPPIST-1 d* che ha un ESI di 0,91. È più piccolo e meno massiccio e denso della Terra e dovrebbe avere una temperatura intorno ai 17 °C. La densità potrebbe indicare la presenza di grosse quantità di acqua allo stato liquido sotto forma di oceani. Anche *TRAPPIST-1 e* è di tipo roccioso, ed ha dimensioni simili alla Terra. Secondo uno studio questo sarebbe il pianeta con maggiori probabilità di vita nel sistema di TRAPPIST-1, risultato però contraddetto da altri studi. Anche *LP 890-9 c*, che ha un ESI pari a 0,89 ruota intorno ad una nana rossa che ha un'età di 7 miliardi di anni e quindi dovrebbe essere stabile. Probabilmente il pianeta sarà osservato dal telescopio spaziale James Webb per studiarne l'atmosfera. Il pianeta abitabile più vicino a noi è *Proxima Centauri b* che ha un ESI pari a 0,87. La sua massa compresa tra 1,17 e 3 masse terrestri fa pensare che possa trattarsi di un pianeta terrestre. Non si hanno certezze sull'abitabilità, ma il fatto che la stella madre sia una nana rossa implica i soliti due problemi, rotazione sincrona e forti brillamenti. I super brillamenti osservati nel 2017 e studi successivi su Proxima b portano a pensare che il pianeta non sia il miglior candidato ove cercare forme di vita extraterrestre. *K2-18 b* è un pianeta di notevole importanza perché nel 2023 l'osservazione col telescopio James Webb ha rivelato la presenza di una molecola prodotta solo dalla vita, il dimetil solfuro. Sfortunatamente nel Maggio del 2024 delle simulazioni hanno mostrato che il segnale del dimetil solfuro si sovrappone a quello del metano, e la situazione non è quindi chiara. In ogni caso, l'atmosfera contiene metano e anidride carbonica che insieme sono una forte indicazione a favore della vita. Altri pianeti abitabili ruotanti intorno a nane rosse sono *K2-72 e*, *Gliese 1002 b*, *Gliese 1061 d*, *Ross 128 b*, *Gliese 273 b*, ecc. Sono stati scoperti anche pianeti intorno a stelle che non hanno i problemi delle nane rosse. *Kepler-452 b* con ESI 0,83 è il primo pianeta aventi dimensioni simili a quelle terrestri, ma massa maggiore (5 masse terrestri) e che orbita nella zona abitabile di una stella molto simile al Sole. Problemi per la vita potrebbero essere legati all'età della stella che, irradiando presumibilmente circa il 10% di energia in più del Sole, potrebbe aver innescato un crescente effetto serra incontrollato simile a quello che nel sistema solare si può rilevare su Venere. I ricercatori dell'istituto SETI (Search for Extra-Terrestrial Intelligence) stanno usando un radiotelescopio in California, per cercare trasmissioni radio provenienti da Kepler-452 b. Anche *Kepler-1638 b* (ESI 0,76) orbita attorno ad una stella simile al Sole per massa, temperatura, età, e metallicità. Oltre alle stelle simili al nostro Sole, ci sono stelle un po' più fredde, le nane arancioni che rimangono stabili per molto più tempo rispetto alle nane gialle come il Sole, per questo vengono spesso indicate come le migliori candidate attorno alle quali potrebbero esistere pianeti abitabili. Un pianeta di massa un paio di volte maggiore di quella della Terra è *Kepler-442 b* ed ha un indice di abitabilità persino più alto di quello della Terra. Anche *Kepler-62 e* (ESI 0,83) orbita attorno ad una nana arancione. Il pianeta, con un raggio un po' maggiore di quello terrestre, è probabilmente una super-Terra con superficie solida, e si trova nella zona abitabile della stella, ove è possibile la presenza di acqua liquida in superficie. Altri pianeti ruotanti intorno a nane arancioni sono: *Kepler 1544b*, e *Kepler 283 c*. Ci sono anche pianeti in sistemi multipli, quali *Gliese 667 Cf* (ESI 0,76) e *Gliese 667 Ce* (ESI 0,60) che ruotano intorno a *Gliese 667* un sistema stellare multiplo costituito da due nane arancioni, un po' più fredde del Sole e da una nana rossa. *Kepler-296 e* (ESI 0,85) è uno dei 5 pianeti che ruota intorno alla stella binaria Kepler 296, costituita da una nana arancione ed una rossa. Nella lista di pianeti che abbiamo visto, ce ne sono parecchi che potrebbero ospitare la vita, e tra questi ricordiamo Teegarden b, Trappist-1 e, Kepler-442 b, Kepler-452 b, Kepler-1649 c, Ross 128 b e *K2-18 b*. Chiaramente il fatto di essere abitabile non implica che sul pianeta ci sia la vita. Servono ulteriori studi sulle atmosfere alla ricerca di prodotti chimici della vita. **Il lettore interessato può dare un'occhiata all'Appendice 3 per avere maggiori dettagli sui pianeti abitabili.**

Le tracce della vita

Nel Cap. 6 abbiamo visto che perché un pianeta ospiti la vita è necessario che siano soddisfatte molte condizioni. Non basta solo che si trovi nella zona di abitabilità. Parlando dei pianeti simili alla Terra nella zona abitabile, abbiamo dovuto fare delle speculazioni per capire se ci possa essere acqua liquida, ed in generale se ci possano essere le condizioni per la vita. La domanda che ci possiamo porre è se ci sia un modo preciso per stabilire se un pianeta, guardandolo da lontano, ci sia la vita. Una possibilità è quella di studiare la luce che attraversa le loro atmosfere con l'obiettivo di trovare un composto che sia correlato alla vita o che sia il prodotto della vita. In astrobiologia, ogni sostanza che fornisce prove scientifiche della presenza della vita viene detta *biofirma*. Quali sono le biofirme più importanti?

L'*anidride carbonica* è emessa da gran parte degli esseri viventi, ma ci sono processi naturali che la producono. Quindi la sua presenza ci indica che su un pianeta c'è un'atmosfera. Forse il *vapore acqueo* dà indicazioni più precise. Sicuramente l'acqua è una condizione necessaria per la vita, ma non sufficiente. La sua presenza ci dice se un pianeta può essere abitabile. L'*ammoniaca* e l'*ossido di azoto* contengono azoto, generato da processi biologici. Questi due gas possono essere generati da processi naturali, ma non in grande quantità. Quindi la presenza dei due gas biofirma in un'atmosfera è un forte segnale, seppur non definitivo, di presenza di vita. Il *metano* costituito da quattro atomi di idrogeno ed uno di carbonio. È prodotto da batteri nell'intestino di animali ma anche da processi naturali. Se però nell'atmosfera ci fosse metano, ammoniaca e ossido di azoto, avremo un chiaro segnale dell'esistenza della vita. Per quanto riguarda l'*ossigeno* l'unico modo di produrlo e di mantenerlo costantemente nell'atmosfera è la fotosintesi. La presenza di ossigeno nell'atmosfera sarebbe un indicatore della presenza di vita. Allo stesso tempo la sua assenza non indicherebbe l'assenza di vita. Sulla Terra, per miliardi di anni esistettero forme di vita in grado di vivere senza ossigeno. Anche l'*ozono* è un'importante biofirma, ed inoltre protegge la vita dalle radiazioni ultraviolette della stella. Un'altra biofirma fondamentale è la *clorofilla* che dall'anidride carbonica ed acqua produce i carboidrati. Inoltre produce come sottoprodotto l'ossigeno. Rivelarla è difficile usando la spettroscopia, l'unico segno della sua presenza è una maggiore tendenza alla colorazione rossiccia della luce riflessa dal pianeta. Oltre queste biofirme principali ne esistono molte altre, che gli specialisti conoscono molto bene. Per atmosfere come quella terrestre sono stati proposti il metanotiolo, il clorometano, altri gas contenenti zolfo. In atmosfere dominate dall'idrogeno le biofirme sarebbero il cloruro di metile, il dimetil solfuro e

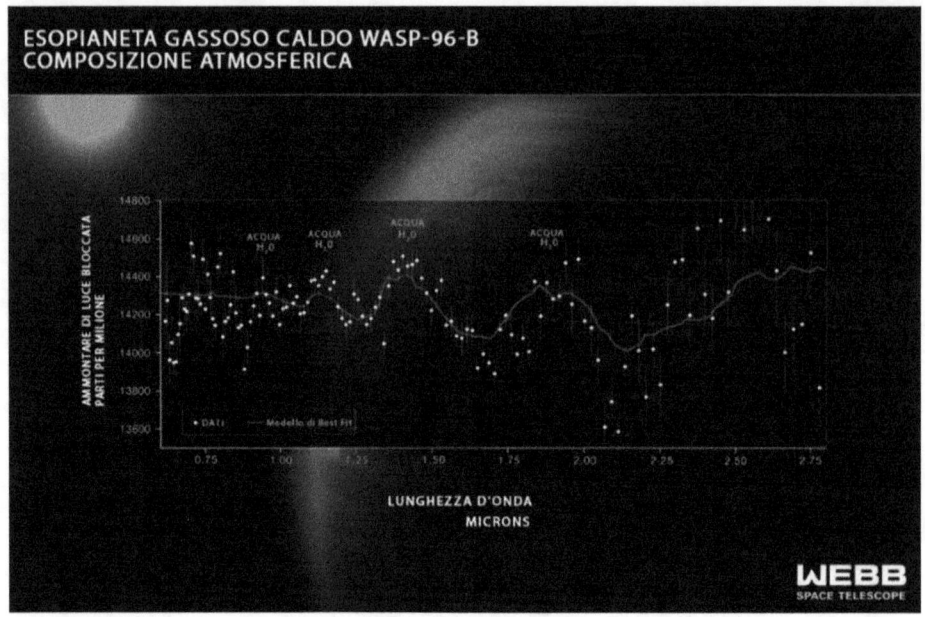

Figura 8.2 Spettro di WASP-96 b ottenuto con la spettroscopia di trasmissione mediante il telescopio James Webb Telescope. (Credits: Nasa)

l'ossido di azoto. Per studiare le biofirme ci sono tre diversi metodi. Il primo è quello della *spettroscopia di trasmissione*. Quando il pianeta passa davanti alla stella, la luce di questa diminuisce ed inoltre i gas nell'atmosfera del pianeta assorbono alcune lunghezze d'onda. Come abbiamo già detto quando la luce passa in un gas, si avrà uno *spettro di assorbimento* delle righe che corrispondono agli elementi che hanno prodotto l'assorbimento (Fig. 8.2). Sono state studiate decine di atmosfere di Giovi caldi. Ora bisognerebbe fare lo stesso con pianeti di tipo terrestre.

Il secondo è la *spettroscopia di riflettanza*. Quando il pianeta passa dietro la stella, la luce della stella può rimbalzare sull'atmosfera e riflettersi verso la Terra. Il terzo è la *spettroscopia di emissione*. Quando il pianeta è davanti la stella, se è molto caldo può emettere radiazione che può essere osservata e studiata. Nel febbraio del 2016 il telescopio spaziale Hubble è stato usato per studiare l'atmosfera della super-Terra 55 Cancri. Non fu rivelata acqua, ma parecchio idrogeno molecolare, elio e tracce di cianuro. Questi rilevamenti hanno fatto pensare che il pianeta sia un "mondo di diamante" molto ricco di carbonio e abbondanza di diamante al suo interno. È più facile osservare le biofirme osservando nell'infrarosso o meglio nelle onde millimetriche, ma servono telescopi molto potenti. Il James Webb è capace di cercare biofirme. È stato usato per determinare lo spettro del pianeta gassoso WASP-96b. Lo spettro ha mostrato presenza di acqua. Il James Webb verrà usato per studiare TRAPPIST-1e, di cui abbiamo parlato prima, con la spettroscopia di trasmissione. Esso sarà in grado di rilevare i cambiamenti nei livelli atmosferici di anidride carbonica, vapore acqueo e metano, non è progettato per fare cose più complicate. Ad esempio non è in grado di rilevare la presenza di ossigeno. Ci sono piani per telescopi spaziali che usando la spettroscopia a riflessione e bloccando la luce con coronografi, rivelino la luce riflessa dal pianeta. Uno dei progetti più ambiziosi è l'ATLAST (Advanced Technology Large-Aperture Space Telescope) un telescopio spaziale che potrebbe avere un diametro di 16 m ancora più grande del James Webb (6 m) permettendo agli astronomi di rispondere a domande di punta dell'astrofisica moderna, quale ad esempio quello dell'esistenza della vita nella galassia. Saranno anche usati telescopi terrestri quali l'E-ELT, e il TMT (Thirty Meter Telescope). Nel 2015, la NASA ha creato il programma NExSS, una rete di coordinamento destinato allo studio dell'abitabilità planetaria. Col loro aiuto si potrebbe sondare le atmosfere alla ricerca di ossigeno libero sui pianeti extrasolari. Ricordiamo anche il progetto *Breakthrough Starshot* accennato nell'introduzione e che potrebbe portare delle piccole astronavi a vela su Proxima Centauri.

9

Sciovinismo del carbonio?

Da quando ha trionfato l'ipotesi eliocentrica su quella geocentrica, ha prevalso il *principio copernicano*, ossia, il semplice fatto che non abbiamo nulla di speciale. Se questo principio fosse un principio universale, certo, allora potremmo pensare che l'Universo è pieno di terre, ed anche che queste terre siano abitate da esseri viventi. Ora, i risultati delle ricerche astronomiche degli ultimi decenni ci dicono che effettivamente l'Universo è pieno di pianeti, che fra di essi, in minoranza, ci sono terre, ma la conclusione che su di esse ci siano esseri viventi, magari evoluti come o più di noi, non poggia su nulla. Per arrivare a questa conclusione dovremmo dimostrare in laboratorio che la vita si origina facilmente, ma non ci siamo riusciti, oppure trovare pianeti sui quali esiste la vita. Oggi la nostra posizione può oscillare tra quelle di de Duve e Monod senza rischio di sbagliarci. L'origine della vita è possibile in primo luogo se esiste una fonte di energia, ossia un ambiente fuori dall'equilibrio termodinamico. La vita sulla Terra è dovuta alla luce solare che catturata da forme viventi dà luogo ad uno squilibrio chimico in quelle forme viventi e che origina la catena alimentare. Ma ci sono organismi che possono vivere anche in forte carenza di energia solare, come negli ambienti delle fumarole nere che abbiamo descritto nel Cap. 4. L'energia legata al vulcanismo o alla tettonica a zolle sono altre fonti di energia per la vita. Ovunque ci sia una mancanza di equilibrio da questo si genera un flusso di energia che gli esseri viventi abilmente usano e dissipano. La complessità della vita sulla Terra si è basata sulla riproduzione che ha innescato l'evoluzione per selezione naturale. Alla base c'è quindi l'esistenza degli individui che interagiscono tra di loro, e gli individui esistono perché durante l'evoluzione si è sviluppata la cellularizzazione, ossia il fatto che l'individuo è composto di cellule. La vita che esiste sulla Terra è basata su questi due pilastri: l'esistenza di squilibri termodinamici e la cellularizzazione, e l'elemento su quale poggia tutto è la chimica del carbonio. Supponendo che esista vita nell'Universo, ci si potrebbe chiedere se possa esistere una vita che si basi su altri pilastri, una vita ad esempio non basata sul carbonio e sull'acqua. La vita necessita di elementi che possano dar luogo a molecole grandi, alcune delle quali siano in grado di immagazzinare informazione, quali l'RNA ed il DNA. La prima condizione per una vita oltre il carbonio è che l'elemento su cui la vita è basata sia abbastanza abbondante e che sia in grado di creare molecole complesse e stabili. In natura sono presenti 91 elementi, e tra di questi quelli che potrebbero avere un ruolo nella formazione della vita, devono essere stabili e riuscire a formare almeno tre legami covalenti, ossia legami chimici in cui due atomi mettono in comune delle coppie di elettroni. Due legami sono necessari perché l'elemento possa formare legami con se stesso ed altri elementi e formare lunghe catene o anelli. I restanti legami servono a potersi legare con altri elementi e creare strutture capaci di veicolare informazione. Gli elementi che soddisfano questi requisiti sono: gli elementi che formano tre legami: boro, azoto, fosforo, arsenico, e antimonio; gli elementi che formano quattro legami: carbonio, silicio, germanio, e stagno. Come detto ne serve pure una buona quantità, e nell'Universo, tra questi i più abbondanti sono il carbonio, l'azoto ed il silicio. Tra questi tre il carbonio è quello che ha la maggior capacità di formare legami (covalenti) con se stesso e con altri elementi e formare catene stabili e lunghe (e.g., proteine, acidi nucleici). Inoltre gli acidi nucleici possiedono una sorta di scheletro con cariche negative che respingendosi fanno si che esso si mantenga disteso, cosicché il cambiamento nei nucleotidi non influisca sulla struttura del DNA. Invece, le proteine non hanno cariche in modo da potersi ripiegare. Queste caratteristiche dovrebbero essere rispettate anche da un tipo di vita basato su elementi diversi dal carbonio.

Vita al silicio?

L'elemento che più spesso è citato come possibile base per una vita non basata sul carbonio è il silicio. Nella tavola periodica esso si trova sotto il carbonio e quindi nello strato esterno un atomo di silicio possiede, come il carbonio 4 elettroni, che intervengono nelle reazioni chimiche. Il silicio, nell'Universo, è meno abbondante del carbonio, ma più abbondante nella crosta terrestre, ed è abbastanza abbondante perché si formi una vita basata su di esso. Il silicio si può unire a quattro atomi di idrogeno formando il *silano* (SiH_4), similmente al carbonio che forma il metano (CH_4). Detto questo, bisogna però ricordare i lati negativi del silicio ai fini di una vita basata su di esso. Innanzitutto, il legame tra silicio e idrogeno è molto più reattivo di quello carbonio idrogeno, e quindi il silano è meno stabile del metano. Quando si uniscono più atomi di carbonio ed idrogeno si formano gli idrocarburi, mentre più atomi di silicio e idrogeno formano i silani e *polisilani*, meno stabili degli idrocarburi. Quindi mentre è facile formare lunghe catene di atomi di carbonio, non è lo stesso col silicio ed infatti i polisilani sono scarsi in natura. Inoltre, i composti del silicio si infiammano in presenza dell'aria e quindi una biochimica basata sul silicio richiede un'ambiente privo di ossigeno e solventi differenti dall'acqua, quali il metano, l'azoto o l'etano. In queste condizioni, i polisilani sono gli acidi nucleici in un mondo di silicio. Il silicio può formare catene principali con l'ossigeno e catene laterali col carbonio. Questi composti si chiamano silossani e sono stabili e usati in molti prodotti di uso quotidiano (additivi alimentari, isolanti, cosmetici, siliconi, ecc.). Non è chiaro se questi composti possano sostenere la vita. Comunque in generale, un mondo con vita al silicio, dovrebbe essere molto freddo (visto che servono solventi come il metano), e non dovrebbe esserci acqua ed ossigeno. Mentre i composti del carbonio si trovano ovunque nel cosmo, quelli del silicio sono rari nelle meteoriti. Per i motivi detti e svariati altri, il silicio non sembra un candidato che possa sostituire il carbonio nella formazione della vita, al limite potrebbe collaborare con esso. Infatti molte delle reazioni probiotiche sono facilitate dalla presenza dell'argilla (costituita da silicati) in ambiente acquoso. Nel Cap. 4, abbiamo visto che Jack Szostak, nel 2001, accelerò di un fattore 100 la velocità di creazione delle vescicole che portavano alla formazione di cellule aggiungendo piccole quantità di una sorta di argilla nei suoi esperimenti sull'origine della vita sulla Terra. Anche altri ricercatori come Cairns-Smith e Martin Brasier hanno suggerito l'importanza di argille ed altri silicati per l'origine della vita.

Quali solventi?

L'altro aspetto di grande importanza è quale sia il miglior solvente per la vita. Le reazioni chimiche necessarie perché si formi la vita avvengono più facilmente allo stato liquido. L'acqua è molto efficace come solvente, ma come per il caso del confronto che abbiamo fatto fra carbonio e silicio, possiamo vedere se essa possa essere sostituita da un altro solvente. La base liquida è fondamentale nel metabolismo per trasportare i nutrienti. Alle temperature tipiche della Terra i solventi migliori sono l'acqua, la formammide e l'acido solforico, mentre a basse temperature il metano, l'etano, l'ammoniaca e l'azoto liquido. A temperature alte invece i silicati fusi e la silice. Le temperature alte, però destabilizzano le proteine e gli acidi nucleici e per questo si pensa che la temperatura limite per la vita sia 150 °C. Per quanto riguarda l'acqua sappiamo bene dalla nostra esperienza quotidiana quanto l'acqua sia fondamentale per la vita. L'acqua è costituita da un atomo di ossigeno centrale e due atomi di idrogeno localizzati su un piano. I tre atomi formano una sorta di lettera V con un angolo tra i due legami di 105°. È una molecola polare, ossia l'ossigeno mantiene una carica parziale negativa e l'idrogeno una carica parziale positiva. La polarità permette di formare dei ponti (detti legami idrogeno) tra le molecole dell'acqua e tra queste e altre molecole. Questi ponti fanno sì che l'acqua sia un grande stabilizzatore di temperatura. Quando l'acqua congela, formando il ghiaccio, si espande, al contrario della gran parte delle altre sostanze. Grazie a questo aspetto, il ghiaccio galleggia e rende difficile il congelamento di grandi volumi di acqua. Un aspetto negativo è il fatto che il ghiaccio riflette fortemente i raggi solari producendo un raffreddamento delle regioni circostanti, e portando in certe condizioni al fenomeno della glaciazione. L'acqua essendo una molecola polare favorisce il raggruppamento, in ambiente acquoso, di sostanze apolari e questo è importante perché la parte apolare dei fosfolipidi si raggruppa, formando membrane importanti per isolare le cellule dall'esterno. Lo stesso fenomeno avviene nelle proteine all'interno delle quali si rifugiano gli aminoacidi. Nella Terra primordiale l'acqua aveva un aspetto negativo. Essa produceva reazioni di rottura che ostacolano la formazione di acidi nucleici e proteine. Oggi, questa tendenza dell'acqua è un aspetto positivo per ottenere energia metabolica. Un altro solvente, simile all'acqua è l'ammoniaca ed è abbastanza abbondante nel Sistema solare. Forma ponti come l'acqua ma con maggiore difficoltà. L'ammoniaca dissolve svariati composti organici e dissolve le molecole idrofobe (ossia che hanno avversione per l'acqua) meglio di quanto faccia l'acqua, ma questo non è sempre un vantaggio. Altri solventi sono gli idrocarburi quali il metano e l'etano che hanno dalla loro il fatto che non distruggono i composti scindendoli in due o più parti. Sono abbondanti in alcuni luoghi del Sistema solare, quali Titano. In un lago o in un mare di idrocarburi ci potrebbero essere le condizioni per la formazione di vescicole, che formano poi le cellule, fatte di azoto, carbonio e idrogeno. L'acido solforico è un altro possibile solvente che potrebbe favorire la vita anche se è corrosivo in presenza di acqua. La formammide si comporta come l'acqua, ma è meno reattiva. In essa si formano importanti composti come i peptidi e potrebbe servire come precursore nella formazione dell'RNA. La silice è candidata a essere il perfetto solvente, ma è improbabile che possa prosperare la vita a temperature superiori a 1700 °C. In conclusione, l'acqua rimane il solvente più idoneo, fra l'altro perché è la molecola triatomica più abbondante. Uno dei motti della NASA, per cercare la vita è proprio il principio di *seguire l'acqua*. Per la vita che conosciamo, oltre la necessità di un solvente, di un elemento biogenico serve una forma di energia utilizzabile. Sulla Terra le fonti di energia più importanti sono la luce del Sole e l'energia chimica. La prima viene utilizzata da organismi di superficie, la seconda da organismi nelle profondità marine, quali le fumarole nere nelle quali ci sono grossi squilibri termici e differenze di concentrazione di diversi composti, usati dagli organismi che vivono lì. Delle forme alternative di energia potrebbero essere le differenze di pressione tra punti diversi in pianeti come Venere e i giganti gassosi. Nei satelliti del sistema solare con oceani sotterranei, l'energia potrebbe arrivare dalle maree. Un altro importante aspetto è se possano esistere altre strade verso la vita rispetto a quelle che ci sono state sulla Terra. Come abbiamo detto nel Cap. 4, la vita come la conosciamo si basa su tre aspetti: il metabolismo, la genetica (RNA, DNA) e la cellularità, la formazione di cellule che separino l'individuo dal mondo esterno. Ora, come discusso nel Cap. 4, non si riesce a capire come si possa passare dall'RNA al sistema DNA-RNA-proteine. Potrebbe essere che la vita rimanga arginata all'RNA, o precursori dell'RNA? Dare una risposta a questa domanda è forse impossibile perché conosciamo solo la vita terrestre, e in qualche modo non comprendiamo come la natura sia riuscita a passare dall'RNA al DNA e combinando i due a formare le proteine.

Convergenze universali

Da una prospettiva opposta, si potrebbe invece pensare che esistano delle sorte di *convergenze universali* nell'evoluzione e che se esistono forme di vita diverse su altri pianeti queste potrebbero avere delle caratteristiche simili alla vita terrestre. Dallo studio del giacimento fossile di Ediacara in Australia risalente all'*esplosione del cambriano*, 570 milioni di anni fa, quando comparvero la maggioranza dei tipi di animali complessi, dei quali solo alcuni sopravvissero, è chiaro che sulla Terra furono esplorate una grande moltitudine di morfologie pluricellulari. Questo porta a pensare che ci siamo schemi morfologici universali, perché vantaggiosi. La formazione di vescicole che poi sono alla base della formazione cellulare, dall'auto organizzazione di composti *anfipatici*, ossia molecole in cui coesistono gruppi polari e gruppi apolari, non è un caso. Si suppone che questo accada ovunque nell'Universo. Allo stesso modo il fatto che certe simmetrie negli esseri viventi predominino rispetto ad altre è dovuto al fatto che sono più stabili e più facili da generare. Nel 2015, Simon Conway Morris nel suo libro *Le rune dell'evoluzione* sosteneva che la vita animale e vegetale, sugli altri pianeti, supposto che esista, deve essere simile a quella terrestre. Uno degli esempi che porta per arrivare a queste conclusioni è che nonostante i polpi ed i vertebrati siano apparsi in maniera indipendente, i loro occhi sono molto simili. Le forme e le alette dei pesci, per muoversi in acqua, come le ali degli uccelli, per muoversi nell'aria, sono state "reinventate" un gran numero di volte, tanto che possono essere considerate delle forme universali. L'ecolocazione usata dagli uccelli per orientarsi nell'aria è stata reiventata anche nel caso dei cetacei per orientarsi nel mezzo acquatico. Queste sono solo alcune delle centinaia di esempi di *convergenze evolutive* che Morris discute nel suo testo. In altre parole l'evoluzione come una sorta di esperimento fatto sulle forme viventi, ritrova sempre gli stessi schemi. Per questo secondo Conway, la vita extraterrestre, se esiste, non può essere tanto diversa da quella che osserviamo sulla Terra. Certo bisogna anche tenere conto della gravità e del tipo di stella. In pianeti con gravità più intensa, un presunto animale ha dimensioni più piccole e struttura del corpo più robusta. Il colore delle piante dipende dalla lunghezza d'onda dominante emessa dalle stelle. L'astrobiologo Dirk Schulze-Makuck sostiene che ad esempio su Titano avendo i solventi tensione superficiale minore di quella dell'acqua i batteri sarebbero più grandi, ed i tipi di vita presenti su un pianeta dipendono da quanta energia è disponibile. Così sui fondali di Europa non potrebbero esistere esseri più complessi dei gamberetti. Ovviamente tutte queste speculazioni si basano sull'ipotesi che esistano forme di vita extraterrestri. Però una corrente di ricercatori crede che la Terra sia un caso unico nell'Universo, la cosiddetta ipotesi della *Terra rara*. Due degli scienziati che hanno difeso più fortemente quest'idea sono Peter Ward e Donald E. Brownlee. Nel loro libro del 2000, *Perché la vita complessa è rara* mettono in evidenza che la condizione della Terra è particolarissima. Dalla sua posizione nella galassia, le caratteristiche della nostra stella, la sua posizione nella zona di abitabilità, il campo magnetico, l'esistenza di una luna con dimensioni che non ha simili nel nostro sistema solare e che sarebbe importante per la stabilità dell'asse terrestre, all'esistenza di Giove che fungerebbe da protettore da asteroidi e comete.

In conclusione sembra che le forme di vita che ci potrebbero essere nell'Universo dovrebbero essere basate, come noi, sul carbonio, che l'acqua è il più abbondante e buon solvente, ma potrebbero esserci mondi nel quale è sostituita da altri solventi, come ad esempio l'etano o il metano (caso di Titano).

10

Dove sono tutti quanti?

Un giorno d'estate del 1950, mentre lavorava ai laboratori di Los Alamos, nel New Mexico lo scienziato Enrico Fermi andò a pranzo con dei colleghi, tra i quali Edward Teller, Herbert York ed Emil Konopinski. Quest'ultimo menzionò una vignetta satirica di una rivista che mostrava gli alieni che rubavano bidoni della spazzatura a New York City. Iniziarono a prima a discutere sulla vita intelligente nell'universo, sui viaggi superluminali e poi di altri argomenti. Dopo un bel po', durante il pranzo, Fermi sentenziò: *Dove sono tutti?* Ovviamente riferendosi agli alieni. Inoltre secondo York, Fermi si mise a fare dei calcoli e sulla base di tali calcoli concluse "… che avremmo dovuto essere visitati molto tempo fa e molte volte".

La domanda precedente racchiude quello è oggi è noto come *paradosso di Fermi*.

La logica nella domanda era: data l'antichità e la vastità dell'Universo, l'enorme numero di galassie e stelle, civiltà più antiche e più sviluppate della nostra avrebbero dovuto aver colonizzato la galassia. Quindi, in un universo di quasi 14 miliardi di anni ed in una galassia di centinaia di miliardi di stelle sorge spontaneo chiedersi dove sono gli alieni. Non essendoci prove concrete della loro esistenza, Fermi ed il suo paradosso concludevano che essi non esistono. Quest'argomentazione convinse molti scienziati che si dedicarono a tutto tranne al problema della vita al di fuori della Terra. C'era però uno sparuto gruppo di scienziati che aveva un altro punto di vista di quello di Fermi.

Prove tecniche di ricerca di extraterrestri

Uno di questi era Frank Drake, dottorando in astronomia all'università di Harvard. Nel 1957, lavorando alla sua tesi, Drake stava osservando le *Sette sorelle*. Le *Sette sorelle* sono in astronomia le Pleiadi. In letteratura ve n'è traccia negli annali cinesi del 2350 a. C., nel poema di Esiodo del 1000 a. C., nell'Iliade e nell'Odissea. I marinai hanno fatto riferimento a questo gruppo di stelle per la navigazione ed i contadini per i raccolti. Nella mitologia greca le Pleiadi erano sette sorelle: Maia, Alcione, Asterope, Celeno, Taigete, Elettra e Merope. Figlie di Atlante, il titano a cui Zeus aveva affidato il compito di sostenere la Terra, e di Pleione, la dea protettrice dei marinai. In seguito a un fortuito incontro con Orione, le Pleiadi e la loro madre diventarono preda del cacciatore. Per proteggerle dagli assillanti assalti amorosi di lui, Zeus le tramutò in colombe liberandole in cielo. Si dice anche che Zeus fosse il padre di tre delle sorelle. Su queste stelle ci sono leggende dei nativi americani, leggende aborigene, e leggende Hindu. In Giappone le Sette sorelle sono conosciute con il termine "Subaru", che in giapponese significa "unito" e "unità". Quando la casa automobilistica omonima scelse il nome Subaru, decise di riprodurre nel suo logo solo sei delle sette stelle perché queste sono le sole a essere effettivamente visibili a occhio nudo. Drake stava studiando l'abbondanza dell'idrogeno nelle stelle con la finalità di capire come esse nascono. In una notte di febbraio, mentre osservava le stelle, lampeggiò un segnale sullo schermo del radiotelescopio. Drake pensò che il segnale non fosse di origine naturale e nella sua mente corse l'idea che si potesse trattare di un segnale inviato da civiltà extraterrestri. Il segnale rimase lì, non scompariva. Quindi Drake spostò l'antenna ed osservò che il segnale non scompariva, doveva quindi essere di origine terrestre. Nelle settimane seguenti, Drake cominciò a rimuginare sull'idea dell'esistenza di forme di vita aliene che inviavano segnali nello spazio e pensò che anche l'umanità doveva farsi carico di cercare quei segnali e magari entrare in contatto con quelle civiltà. Dopo aver concluso il dottorato, si spostò a Green Bank, nella Virginia Occidentale dove sono localizzati alcuni radiotelescopi. Oltre Drake, un altro giovane scienziato, Philip Morrison che aveva conseguito il dottorato a Berkley, in California cominciò a pensare che gli alieni potessero inviarci messaggi. Insieme a Giuseppe Cocconi, nel 1959, pubblicò un articolo su Nature. In questo articolo i due sostenevano che una civiltà extraterrestre evoluta, avendo capito che sulla Terra ci fosse vita intelligente poteva aver iniziato ad inviare dei segnali verso di noi sperando di avere una risposta. Su quale frequenza dovremmo cercare questo segnale? Visto che l'elemento più abbondante dell'Universo è l'idrogeno, e tale elemento emette radiazione alla frequenza di 1420 megahertz corrispondenti ad una lunghezza d'onda di 21 cm, i due indicarono questa lunghezza d'onda come quella ideale. Questa frequenza è distinta dalla banda in cui si trova la maggior parte del segnale della radiazione cosmica di fondo. Green Bank è una regione isolata con pochissime stazioni televisive e radiofoniche, un posto con poche interferenze dovute all'attività umana. Drake ottenne dal direttore, con cui era entrato in buoni rapporti, del tempo per le osservazioni e la ricerca di segnali extraterrestri. Dal nome della regina di Oz, il progetto prese il nome di Progetto Ozma, che lui iniziò nel 1960. All'inizio la ricerca inizio nella direzione della stella Tau Ceti e poi l'antenna fu diretta su Epsilon Eridani. Da questa osservazione ricevette un segnale pulsante che scomparve poco dopo. In quella zona, i militari effettuavano esperimenti che molto probabilmente generarono il segnale ricevuto da Drake. Drake non si arrese e continuò ad osservare altre stelle, senza nessun risultato. Il problema che nasceva era, in quale tra l'enorme numero di frequenze bisogna cercare? Drake e colleghi seguirono i ragionamenti di Morrison e Cocconi e cominciarono a cercare segnali nella gamma delle microonde, compresa la frequenza indicata da Morrison e Cocconi.

Civiltà nell'Universo?

Nel 1961, la National Academy of Science degli Stati Uniti, organizzò presso l'osservatorio di Green Bank una conferenza relativa alla ricerca dei segnali di civiltà extraterrestri. Drake fu designato organizzatore del congresso e pensò che se la conferenza fosse riuscita bene, questo avrebbe portato fondi al pro-

Figura 10.1 Equazione di Drake. (Credits: Chi ha paura del buio? (https://www.facebook.com/NextSolarStorm/photos/quanti-di-voi-conoscono-questa-formula-matematicaserve-a-calcolare-il-numero-del/1167489076688392/))

getto Ozma e alla ricerca di segnali alieni. Dopo aver a lungo pensato, Drake portò all'ordine del giorno del congresso una sola formula. Quest'ultima è oggi nota come *Equazione di Drake* (Fig. 10.1). Come Drake scrisse

> "Pianificando l'incontro, mi resi conto con qualche giorno d'anticipo che avevamo bisogno di un programma. Mi scrissi così tutte le cose che avevamo bisogno di conoscere per capire quanto difficile si sarebbe rivelato entrare in contatto con forme di vita extraterrestri. Guardando quell'elenco diventò piuttosto evidente che, moltiplicando tutti quei fattori, si otteneva un numero che è il numero di civiltà rilevabili nella nostra galassia. Questo, ovviamente, mirando alla ricerca radio e non alla ricerca di esseri primordiali o primitivi."

L'equazione era costituita dal prodotto di vari termini

$$N = R^* f_p n_e f_l f_i f_c L$$

dove

- N è il numero di civiltà extraterrestri presenti oggi nella nostra Galassia con le quali si può pensare di stabilire una comunicazione;
- R^* è il tasso medio annuo con cui si formano nuove stelle nella nostra galassia;
- f_p è la frazione di stelle che possiedono pianeti;
- n_e è il numero medio di pianeti in condizione di ospitare forme di vita;
- f_l è la frazione dei pianeti su cui si è effettivamente sviluppata la vita;
- f_i è la frazione dei pianeti su cui si sono evoluti esseri intelligenti;
- f_c è la frazione di civiltà extraterrestri che hanno sviluppato una tecnologia;
- L è il lasso temporale nel quale le civiltà possono trasmettere segnali che possono essere captati sulla Terra.

Per conoscere il numero delle civiltà extraterrestri bisogna conoscere tutti i termini dell'equazione. Drake e collaboratori diedero delle loro stime dei vari parametri. $R^* = 10$ stelle per anno, $f_p = 0,5$, ipotizzando che metà delle stelle abbia pianeti, $n_e = 2$ (ossia ogni sistema planetario ha due pianeti che possono sostenere la vita), $f_l = 1$, f_i e $f_c = 0,01$, prendendo come modello la Terra, $L = 10\,000$. Ciò da un valore di $N = 10$. Ai tempi di Drake non si sapeva neanche se esistessero pianeti extrasolari. Le scoperte più recenti hanno portato a nuove stime per i vari parametri, in particolare quelli astrofisici. Nell'equazione di Drake i termini R^*, f_p, ed n_e sono ottenuti dall'astrofisica e oggi sono abbastanza ben noti. I termini f_l, f_i, ed f_c sono legati alla biologia e pertanto sono quasi incogniti. L'ultimo termine è legato al tempo di vita di una civilizzazione avanzata ed ancora non sappiamo quanto esso possa valere. Quindi anche se dal 1961 ad oggi sono stati fatti tanti progressi, nella determinazione dei parametri di origine astrofisica nell'equazione di Drake, la non conoscenza di f_l, f_i, f_c ed L non ci permette di avere una idea precisa di quante civiltà ci possano essere nella nostra galassia o nell'Universo. Comunque è interessante rivedere quali sono le stime moderne dei parametri astrofisici e rivedere le discussioni che ci sono state per cercare di avere un'idea dei possibili valori degli altri parametri.

- Cominciamo dal primo termine R*.

Questo termine è uno di quelli meglio noti nell'equazione. Calcoli dell'ESA e della NASA del 2006 facevano pensare che il tasso di formazione stellare fosse di 7 stelle per anno, mentre calcoli successivi, del 2010, portarono ad un valore inferiore: 1,5–3 stelle all'anno. Come discusso nel Cap. 6 non tutte le stelle sono adatte ad avere pianeti che ospitano la vita. Quali sono le stelle più adatte alla vita? Come abbiamo visto le stelle O, B, A fino alla classe F3 sono troppo energetiche e poco longeve, non sono adatte a sostenere la vita. Le stelle da F4 in avanti, insieme alle stelle G ed K sembrano le più adatte a sostenere la vita grazie alla loro stabilità, longevità, e durata della zona abitabile. In particolare le stelle K (nane arancioni, 5% del totale delle stelle) sono considerate le più adatte per la vita. Essendo queste stelle meno luminose del Sole la loro zona di abitabilità è più vicina alla stella. Anche le stelle di tipo M sono interessanti. Sono le più abbondanti ed hanno una vita lunghissima. Soffrono di due problemi: nei loro primi miliardi di anni sono molto attive, e ciò non va bene per la vita. Essendo meno luminose delle stelle di tipo F, G, e K i pianeti abitabili sono localizzati vicino alla stella e di solito mostrano sempre la stessa faccia alla stella. In questi pianeti ci sarebbe solo una stretta regione in cui la vita sarebbe possibile.

- Quindi abbiamo il fattore f_p, la frazione di stelle che possiedono pianeti.

Dalla scoperta dei pianeti extrasolari conosciamo circa 5000 pianeti ed abbiamo delle stime sul possibile numero di pianeti nella galassia e nell'Universo. Per quanto riguarda la nostra galassia, uno studio del 2012 su Nature di Cassan e collaboratori stimava uno o più pianeti per stella e studi recenti confermano questi numeri. Quindi nel nostro Universo e nella nostra galassia i pianeti certo non mancano, sia quelli non adatti alla vita sia quelli adatti alla vita. Quindi il valore del fattore f_p può essere fissato pari a 1.

- Il fattore successivo dell'equazione è n_e, il numero di pianeti abitabili.

La prima cosa che bisogna chiedersi è quali sono le condizioni che portano alla vita. Per la vita come la conosciamo noi, abbiamo visto che sono necessari, un solvente all'interno del quale le molecole possono muoversi, formare composti organici complessi fino alla formazione delle proteine. Sono possibili svariati solventi, ma abbiamo visto che l'acqua è forse il migliore. L'acqua deve trovarsi allo stato liquido, perché le reazioni chimiche sono molto facilitate nello stato liquido. Quindi è necessario che la temperatura sia adeguata affinché l'acqua sia allo stato liquido e questo accade nella zona abitabile. La stessa definizione di zona abitabile dice che essa è la zona intorno ad una stella nella quale l'acqua si trova allo stato liquido. La zona abitabile intorno al Sole si trova nella regione 0,95–1,37 unità astronomiche dal Sole. Sotto le 0,95 unità astronomiche l'acqua evapora, a distanze maggiori di 1,37 unità astronomiche essa tende a congelare. Da quanto visto nel Cap. 5, è possibile che la vita esista su alcuni satelliti dei pianeti giganti. Questi si trovano ad una distanza alla quale generalmente l'acqua non è liquida, ma per condizioni particolari, quali ad esempio l'effetto delle forze di marea dei pianeti giganti, essa può trovarsi allo stato liquido in un oceano sotterraneo, o si puo' avere un solvente liquido, che non sia acqua, sulla superficie come nel caso di Titano, sul quale il metano scorre liberamente e forma laghi e mari. Quindi la stessa definizione di zona abitabile deve essere estesa e modificata. Il fatto che un pianeta si trovi nella zona abitabile non assicura che su di esso nasca la vita. Un esempio è Marte. Servono altre condizioni: la giusta eccentricità, periodo di rotazione, e la massa. Oltre al solvente, serve un elemento base al quale si legano gli altri elementi per formare i composti organici, il DNA, le proteine, ecc. La vita che noi conosciamo è basata sul carbonio e come discusso nel Cap. 9, anche se sono proposti altri elementi, il carbonio sembra la soluzione ottimale. Serve quindi una fonte di energia, che può essere la luce che proviene da una stella. Abbiamo visto che probabilmente c'è un pianeta per stella. Di questi pianeti quanto sono quelli abitabili? Secondo uno studio del 2020, Michelle Kunimoto e Jaymie M. Matthews, nella nostra galassia ci dovrebbero essere 6 miliardi di pianeti rocciosi con dimensioni simili alla Terra che ruotano intorno a stelle simili al Sole. Questo numero viene fuori assumendo che nella nostra galassia ci siano 400 miliardi di stelle, di queste il 7% sono stelle simili al nostro Sole, e per ognuna di queste ci sarebbero 0,18 pianeti simili alla Terra, ossia circa 5 miliardi di pianeti (un po' meno dei 6 miliardi) indicati attorno a stelle simili al Sole e che si trovano nella zona di abitabilità della stella. Considerando solo le stelle simili al Sole il prodotto $f_p n_e$ è circa 0,015, ma bisogna tenere conto che i sistemi stellari che possono avere zone abitabili non è limitato solo a stelle come il Sole, ma anche alle nane rosse, che come abbiamo visto nel Cap. 8 hanno pianeti nella zona abitabile. Stime del 2013, davano circa 40 miliardi di pianeti terrestri nella zona abitabile di stelle simili al Sole ed alle nane rosse. In questo caso il prodotto $f_p\, n_e$ è circa 0,1. A queste bisogna aggiungere la possibilità che esistano lune di giganti gassosi extrasolari che potrebbero ospitare la vita come alcuni satelliti dei pianeti gassosi (e.g., Europa, Titano, Encelado, ecc.) nel nostro sistema solare. Quindi il valore del prodotto $f_p\, n_e$ è molto probabilmente più vicino a 0,1 che a 0,01. Quindi col valore di f_p fissato ad 1, n_e dovrebbe avere un valore di 0,1–0,2.

- Il parametro successivo, f_l la frazione dei pianeti su cui si è effettivamente sviluppata la vita.

Il valore di questo parametro è estremamente difficile da stimare, poiché abbiamo solo i dati relativi alla Terra. Non si possono fare stime su base statistica. Dal punto di vista osservativo, informazioni su f_l possono essere ottenute dallo studio delle alterazioni indotta dalle forme di vita sulla composizione chimica del pianeta che le ospita. Infatti gli esseri viventi immettono nell'atmosfera metano e ossigeno. La presenza di ossigeno e metano è un segnale inequivocabile dell'esistenza di forme di vita su un pianeta. Servono quindi strumenti che permettano di raccogliere una quantità sufficiente della luce emessa dagli esopianeti ed effettuare un'analisi spettrale dell'atmosfera. Finché non si avranno dati concreti, sarà difficile capire se su un pianeta esiste o meno la vita ed ottenere un valore osservativo del termine f_l. Dalle conoscenze sulla vita sulla Terra che sembra essere apparsa molto presto, appena sono sorte le condizioni favorevoli, si potrebbe dedurre che la formazione della vita sia un fenomeno comune. Nel caso si trovassero evidenze di vita su Marte, o sui satelliti dei pianeti giganti, ed evidenze che tale vita è sorta indipendentemente allora si potrebbe concludere che f_l è vicino a 1. Se sulla Terra la vita fosse iniziata più di una volta, questo sarebbe sempre a favore di un alto valore di f_l, ma non abbiamo prova di questo. Nel 2020, Tom Westby e Christopher Conselice ricercatori dell'Università di Nottingham, hanno proposto il *principio Copernicano Astrobiologico* concludendo che la vita ed anche la vita intelligente si forma come conseguenza diretta dell'evoluzione e quindi in alcuni miliardi di anni bisogna aspettarsi che nei pianeti extrasolari abitabili la vita si formi ed evolva. Da questa conclusione deriva che f_l, f_i, ed f_c debbono tutti essere uguali ad 1. Le loro conclusioni sono che nella nostra galassia ci sono più di trenta civilizzazioni. In definitiva, tralasciando l'argomentazione di Westby e Conselice, possiamo concludere che f_l sia 1, ma potrebbe anche essere molto minore.

- Cosa dire del parametro f_i, ossia la frazione dei pianeti su cui si sono evoluti esseri intelligenti?

Anche per questo parametro non ci sono solide basi per fissarne il valore. Non possiamo andare molto più in là delle congetture, visto che l'unico esempio di pianeta sul quale si sia formata la vita intelligente (f_i) capace di sviluppare una tecnologia e comunicare (f_c) è la Terra. Possiamo anche cercare di capire dagli studi fatti sulla Terra se l'intelligenza appare naturalmente o meno. Dai reperti fossili si deduce che il processo evolutivo sulla Terra partì lentamente e poi accelerò. Per più di metà della vita della Terra la vita non andò oltre la forma di cellule prive di nucleo, le *cellule procariote*. Solo due miliardi di anni fa le cellule si dotarono di nucleo e cominciarono a lavorare insieme dando origine ad organismi pluricellulari. Fino a qualche tempo fa si pensava che le forme di vita più complesse apparvero mezzo miliardo di anni fa con l'*esplosione cambriana*: in un periodo compreso tra 70 e 80 milioni di anni si svilupparono quasi tutti i gruppi animali. In realtà sembra che prima del Cambriano in Cina ci fu un'enorme eruzione vulcanica. Gli studi su questa eruzione hanno portato a cambiare la comprensione dello sviluppo della vita sulla Terra. Sono stati rinvenuti tracce di antichi organismi marini, più complessi delle spugne e delle meduse, conservati nei fosfati. Tali organismi hanno simmetria bilaterale. Questi ritrovamenti fecero ripensare la teoria tradizionale secondo la quale la grande diversità della vita sulla Terra apparve nell'*esplosione del Cambriano*. Questi reperti furono datati a circa 600 milioni di anni fa e oggi si pensa che i primi organismi pluricellulari si potrebbero essere evoluti 500 milioni di anni prima dell'*esplosione del Cambriano*. Inoltre come abbiamo già detto nel Cap. 4, l'uniformità della vita sulla Terra, come si vede a livello microbiologico, porta a condurre alla conclusione che tutti gli organismi siano discesi da una singola cellula (il LUCA). Come avvenne questa evoluzione che da esseri unicellulari ha portato all'uomo? Già gli organismi unicellulari sono ad un livello superiore rispetto ai virus: possono rispondere a mutamenti chimici dell'ambiente, reagire alla luce, cercare cibo, cercare di riprodursi. Nel 1903, Robert Falcon Scott scoprì una regione nell'Antartide estremamente desolata tanto che la chiamò "valle della morte". La regione fu meglio studiata nella successiva *Spedizione Terra Nova* tra il 1910 ed il 1913, sempre guidata da Scott, che la battezzò Valle di Taylor in onore di un geologo della spedizione. Nuove esplorazioni mostrarono che nella regione c'era un enorme numero di piante microscopiche, animali unicellulari e vermi detti *nematodi*. In questo ecosistema i batteri mangiavano le alghe ed i nematodi mangiavano i batteri. La Valle di Taylor ha dato importanti informazioni sullo sviluppo dei primi organismi pluricellulari. Tre miliardi e mezzo di anni fa questo ecosistema era l'unico sulla Terra: il carbonio veniva assunto dalle alghe e passava poi ai batteri e ai vermi nematodi. Dagli organismi pluricellulari apparvero le cellule nervose. Queste sono costitute da un nucleo e da diramazioni dette *dendriti*, che ricevono le informazioni. I dendriti si collegano agli assoni (un lungo filamento lungo il quale un neurone trasmette le informazioni) di altre cellule nervose. Ogni cellula nervosa integra le informazioni delle cellule vicine e poi invia un segnale lungo l'assone. Le prime cellule nervose si svilupparono in organi di senso quali gli occhi, il naso, e le orecchie. La collezione di cellule nervose generò il cervello. Man mano che gli organismi si evolvevano il cervello andava a diventare sempre più complesso. Già Charles Darwin intuì che c'era una correlazione tra la grandezza relativa del cervello e l'intelligenza. Oggi si parla di *indice di cefalizzazione* ossia il rapporto delle dimensioni del cervello a quella del corpo. Ogni essere vivente ha un suo indice di cefalizzazione. Il più elevato è quello dei mammiferi e fra questi quello dei primati. È molto interessante notare che la cefalizzazione aumenta col passare del tempo. Così mentre tra 60 e 40 milioni di anni fa gli animali avevano un cervello piccolo, questo si raddoppia nel periodo tra 55 e 25 milioni di anni. Sebbene ci siano scienziati che sostengono che l'intelligenza è un prodotto fortuito dell'evoluzione, lo studio dell'evoluzione del cervello e dell'intelligenza sulla Terra smentiscono questo punto di vista. Lo studio dei sauri, animali quali le lucertole, gechi, ramarri, iguane, ecc., che vivevano sulle isole, quando sono stati introdotti dei predatori sono stati esposti a nuovi pericoli. In poche generazioni hanno imparato ad arrampicarsi sugli alberi per sottrarsi ai predatori. In altre parole l' "intelligenza" può svilupparsi in brevi periodi. Altri esperimenti effettuati sui ratti, descritti da S. Dehaene in *The Number Sense*, hanno mostrato che i ratti sanno contare e secondo Dehaene la nostra capacità di capire la matematica deriva dal senso dei numeri. Forme di intelligenza inferiori si sono sviluppate anche in altri animali. Le scoperte degli ultimi anni forniscono un sostegno all'idea che l'evoluzione dell'intelligenza sia qualcosa di intrinseco alla vita, e che in tempo sufficiente deve manifestarsi. L'intelligenza si è evoluta in diverse branche del regno animale. Questo indica che l'intelligenza non è un caso fortuito, ma un esito naturale dell'evoluzione dei sistemi viventi. Una prova dell'evoluzione separata dell'intelligenza in varie branche dei sistemi viventi viene dalla teoria dell'evoluzione degli uccelli. Gli uccelli sono diversi dagli altri animali e non si capiva da cosa derivassero. Lunghi studi hanno messo in evidenza che essi discendono dai dinosauri, ed il loro cervello si è sviluppato molto di più che i pesci e i rettili. I loro *livelli di cefalizzazione* è molto più vicino a quello dei mammiferi che a quello dei rettili. In definitiva non togliamo niente all'uomo, se diciamo che altre creature viventi posseggono una loro intelligenza, sebbene inferiore. I primi organismi pluricellulari apparvero circa 600 milioni di anni fa, ed i primi cervelli, collezioni di cellule nervose apparvero nello stesso periodo. Ci vollero 400 milioni di anni perché apparissero i mammiferi, che apparvero circa 200 milioni di anni fa, ed i primati apparvero circa 60 milioni di anni fa. Solo 4 milioni di anni fa apparvero i nostri progenitori. L'*Homo Sapiens* comparve tra i 200 000 e 130 000 anni fa. Questa scaletta ci dice due cose fondamentali: i tempi dell'evoluzione sono lunghissimi e che lo sviluppo evolutivo è stato sempre verso un'intelligenza costantemente crescente. Basandosi su queste idee parecchi scienziati danno ad f_i un valore prossimo ad 1. Esistono però punti di vista opposti. I fautori dell'ipotesi della *Terra Rara* assumono un valore particolarmente basso, a su questo concorda il biologo Ernst Mayr. Il suo punto è, l'opposto di quello che abbiamo discusso prima e che mostra la storia dell'evoluzione. Secondo lui sulla Terra ci sono miliardi di specie viventi o estinte, ma solo una mostra una vera intelligenza e quindi f_i avrebbe un valore molto piccolo. Ovviamente Mayr si riferisce all'intelligenza umana, ma è evidente che sulla Terra non esista solo una specie intelligente. Uno studio di David Kipping della Columbia University arriva a concludere che se si facesse ripartire da zero l'orologio dell'evoluzione, probabilmente sulla Terra la vita intelligente non riapparirebbe. Dall'osservazione che la comparsa della vita intelligente ha impiegato un tempo molto lungo, 4,6 miliardi di anni, Pascal Lee dell'Istituto Seti, dà un valore basso, 0,0002, a f_i. Io credo che in questa disputa abbiano ragione quegli scienziati che pensano che l'intelligenza cresce col tempo e che specie come l'uomo siano destinate ad apparire, se c'è abbastanza tempo e che quindi f_i considerando miliardi di anni di evoluzione deve essere prossimo a 1.

- Ci resta ancora f_c, la frazione di civiltà extraterrestri che hanno sviluppato una tecnologia e possono comunicare con altri pianeti.

Per il fatto di non avere ricevuto segnali da civiltà extraterrestri non abbiamo dati per una stima statistica di questo parametro. Bisogna anche pensare che ci possano essere civiltà avanzate che non usano la trasmissione con onde radio. La trasmissione all'interno della comunità potrebbe avvenire usando segnali non rivelabili, usando ad esempio fibre ottiche. D'altra parte anche noi stiamo diventando sempre meno evidenti nel cosmo mediante trasmissioni radio, visto che tanti segnali vengono trasmessi su fibra ottica. Inoltre una civiltà extraterrestre potrebbe deliberatamente decidere di non trasmettere segnali radio nello spazio. L'altro problema è che abbiamo dei limiti nella ricezione di segnali radio. Per fare un esempio se una civiltà extraterrestre inviasse un segnale da 100 anni luce in tutte le direzioni, dovrebbero usare un'antenna di

66 000 000 000 watt perché possiamo ricevere il segnale col radiotelescopio di Arecibo.

Col radiotelescopio SKA (Square Kilometer Array), ancora in costruzione, di 1 chilometro quadrato, le cose andrebbero meglio. Solo per capire la potenza di questo strumento, esso sarà in grado di rivelare il radar di un aeroporto in un pianeta posto a 50 anni luce. Oggi non abbiamo migliori stime di quelle del 1961 di Drake e colleghi, valori di f_c tra 0,1 e 0,2.

- L'ultimo termine è il fattore L, la durata di una civiltà.

Anche questo fattore ha valore incognito, non sappiamo quanto possa durare una civiltà, e come fatto notare durante gli anni, è il più importante nell'equazione. Questo termine fu introdotto nell'equazione da Drake per il rischio estinzione, ed esso dovrebbe tenere in considerazione i vari elementi che mettono a rischio l'evoluzione, la longevità della vita, specialmente di quella intelligente. Questo termine dovrebbe tenere conto della possibilità di autodistruzione, di una civiltà avanzata. Nel periodo in cui Drake scrisse l'equazione si era in piena guerra fredda che implicava il rischio della distruzione dell'umanità mediante l'uso di armi di distruzioni di massa. Carl Sagan ha ipotizzato che tutti i termini, ad eccezione della durata di vita di una civiltà, siano relativamente alti e che il fattore determinante per stabilire se esista un numero grande o piccolo di civiltà nell'universo è la durata della vita della civiltà, o in altre parole, il tempo di vita di una civiltà, che nelle civiltà tecnologiche è strettamente legato alla loro capacità di evitare l'autodistruzione. Viviamo in un Universo "violento" con fenomeni che producono radiazioni e rilasciano alta energia. Se un pianeta si trova non lontanissimo da una stella che esploderà in una supernova, la vita su di esso è a rischio. Non bisogna dimenticare il pericolo proveniente da asteroidi, e comete. Nel 1994 la cometa Shoemaker-Levy 9 precipitò su Giove. La cometa fu spezzata in frammenti quando entrò nell'atmosfera del pianeta e questi cadendo sulla superficie generarono delle zone di distruzione ampi quanto la Terra. L'impatto sollevò molta polvere oscurando l'atmosfera gioviana. Eventi come questi non sono rarissimi. L'estinzione dei dinosauri è attribuito ad un evento simile. A confermare quest'idea è il ritrovamento nel 1978, in Italia, da parte di Louis e Walter Alvarez di strati di roccia ricchi di iridio, nello strato geologico corrispondente a 65 milioni di anni fa. L'iridio è raro sulla Terra ma è presente nelle meteoriti. Continuando gli studi si accorsero che tale strato di iridio era uniformemente distribuito su tutta la superficie terrestre e che doveva essere stato prodotto dall'arrivo di un asteroide di 10 chilometri. Nel 1991 fu scoperto un enorme cratere sotto la penisola dello Yucatan, in Messico. A giudicare dalle dimensioni del cratere, lo scontro con l'asteroide aveva provocato lo sprigionamento di un'energia pari a quella di 5 miliardi di bombe atomiche come quella di Hiroshima. L'effetto dell'asteroide non fu solo la distruzione locale, nella regione di caduta, ma la polvere che si alzo e si diffuse nell'atmosfera terrestre bloccò i raggi solari per molti mesi, producendo una notevole riduzione della temperatura. L'assenza di luce fece morire le piante e quindi gli animali. Ancor oggi non si sa quali forme di vita sopravvissero e come la vita poté nuovamente riprendersi. Questo scenario è simile a quello che si avrebbe nel caso di un conflitto nucleare globale. Il 30 giugno del 1908, nei villaggi della regione siberiana di Tunguska si udì un forte boato, seguito da un globo di fuoco nel cielo. Nell'evento furono distrutti duemila chilometri quadrati di foresta, come fu osservato 17 anni dopo dalla prima spedizione nella regione. Quell'evento fu molto probabilmente generato da un asteroide delle dimensioni di un palazzo. Più recentemente, la mattina del 15 febbraio del 2013 a Cheljabinsk, a sud degli Urali un meteoroide di una quindicina di metri colpì l'atmosfera, frantumandosi sopra la città di Cheljabinsk. I danni prodotti non sono stati gravi. Ci sono stati feriti per le schegge delle finestre andate in frantumi a causa dell'onda d'urto. Esistono i cosiddetti NEOs (near-Earth Objects) che sono oggetti del sistema solare che possono intersecare l'orbita della Terra e potrebbe produrre una collisione. Un altro fenomeno che può essere distruttivo per un pianeta è il vulcanesimo, se eccessivo, come nel caso del satellite di Giove, Io. Nel caso della Terra, probabilmente la fine della civiltà minoica sarebbe dovuta all'eruzione nel 1646 a. C. del vulcano Santorini. Tale eruzione devastò in parte l'isola, allora chiamata Thera, e spazzò via intere aree comunitarie e agricole sulle isole vicine e sulle coste di Creta. Questa ipotesi fu riportata nell'articolo *The Volcanic Destruction of Minoan Crete* pubblicato dal periodico inglese "Antiquity", da Spyridon Marinatos. Tornando alla stima del valore di L, alcuni credono che la nostra civiltà non possa sopravvivere più di un paio di centinaia di anni allo sviluppo della tecnologia. Ci sono punti di vista opposti. In teoria la nostra civiltà potrebbe esistere ancora per un miliardo di anni, tempo necessario al Sole di aumentare la sua luminosità del 10% e la nostra civiltà non sarà in grado di sopravvivere. David Grinspoon è arrivato alla conclusione che una volta che una civiltà si è abbastanza sviluppata, supererebbe tutte le minacce di estinzione e durerebbe per un periodo indefinito, quindi secondo lui L avrebbe un valore di miliardi di anni. Una conclusione totalmente opposta viene dallo scrittore scientifico Michael Shermer che dallo studio della durata di sessanta civiltà terrestri arrivò alla conclusione che L dovesse essere pari a 420 anni, mentre considerando 28 civiltà più recenti dell'impero romano concluse che L è pari a 304.

Vista la nostra ignoranza sugli ultimi quattro fattori, l'equazione di Drake può dare risultati in un range molto ampio, a seconda delle assunzioni. Si possono ottenere valori del numero di civiltà N molto più piccolo di uno che implica, visto che siamo alla conoscenza dell'esistenza di almeno una civiltà nella nostra galassia, ossia la nostra, che qualcuno dei parametri deve avere un valore maggiore. D'altra parte si possono ottenere valori di N molto maggiori di 1 che implicherebbe l'esistenza di molte civiltà. Combinando il valore del rate di formazione stellare calcolato dalla NASA, $R_* = 1,5–3$ anno^{-1}, il basso valore del prodotto $f_p\, n_e\, f_l = 10^{-5}$ stimato in base all'ipotesi della Terra Rara, il punto di vista di Mayr sull'intelligenza, $f_i = 10^{-9}$, quello di Drake sulla comunicazione, $f_c = 0,2$, e la stima di L di Shermer, 304 anni, si ottiene un valore di N pari a $9,1 \times 10^{-13}$, che implicherebbe che siamo soli. Usando sempre lo stesso valore della NASA per $R_* = 1,5–3$ anno^{-1}, valori diversi quali $f_p = 1$, dato da J. Palmer nel 2012, $n_e = 0,2$, ottenuto dai risultati di due articoli di vari autori pubblicati su un importante giornale di astrofisica, $f_l = 0,13$, ottenuto da C. H. Lineweaver e T. M. Davis, $f_i = 1$, ottenuto da A. Campbell nel 2005, $f_c = 0,2$, dato da Drake, e $L = 10^9$ anni, secondo D. Grinspoon, si avrebbe un valore di civiltà pari a 15 600 000, sicuramente un numero esagerato. Nel 2009, D. Forgan usando un metodo di simulazione dei parametri dell'equazione di Drake basati su un modello della distribuzione stellare e planetaria, le caratteristiche della vita nella Via Lattea e la natura stocastica dell'evoluzione, ha ottenuto *valori di N dell'ordine del centinaio*. A giugno 2018, tre ricercatori del Future of Humanity Institute della Oxford University sono partiti dall'impossibilità di ottenere un risultato certo da variabili sconosciute, risolvendo ripetutamente l'equazione con dati tratti da pubblicazioni scientifiche, casuali e differenti di volta in volta. Secondo la media dei risultati, la galassia *potrebbe essere popolata da un centinaio di civiltà, ma l'equazione ha restituito il 30% delle volte lo stesso infelice risultato: zero.*

L'equazione di Drake è un modello semplice che omette molti parametri rilevanti e sono state proposte modifiche all'equazione. Ad esempio, Carl Sagan aveva proposto una sua versione dell'equazione di Drake e più recentemente Sara Seager ha proposto un'altra equazione basata maggiormente sulla ricerca di pianeti con gas aventi biofirme. Tali gas sono prodotti da organismi viventi e potrebbero essere rivelati da telescopi spaziali. L'equazione proposta da Seager è

$$N = N_* \, F_Q \, F_{HZ} \, F_O \, F_L \, F_S$$

dove

- N = numero di pianeti con segni di vita rivelabili
- N_* = numero di stelle osservate
- F_Q = numero di stelle stabili
- F_{HZ} = frazione di stelle con pianeti rocciosi nella zona abitabile
- F_O = la frazione di quei pianeti che può essere osservata
- F_L = la frazione con la presenza di vita
- F_S = la frazione sui quali la vita produce biofirme gassose rivelabili

Infine, l'equazione di Drake è stata modificata nel 2016 da Adam Frank e Woodruff Sullivan. Invece di chiedersi quante civiltà esistano attualmente, i due si sono chiesti qual è la probabilità che in tutta la storia dell'Universo sia comparsa solo la nostra civiltà. Come vedremo in dettaglio nel Cap. 12, i dati relativi all'universo implicano che è estremamente improbabile che la Terra ospiti l'unica specie tecnologica mai esistita.

Cosa possiamo concludere da questa lunga discussione? L'equazione di Drake fu scritta solo per aprire la discussione sulla vita extraterrestre nel congresso del 1961, ha quindi grossi limiti, e i parametri pensati da Drake, in particolare gli ultimi 4, non sono di facile determinazione. Con le conoscenze che abbiamo oggi, questa equazione è stata modificata in modo da avere parametri più facilmente determinabili. Gli ultimi risultati ci dicono che è estremamente improbabile avere una sola specie tecnologica nella galassia e specialmente nell'Universo. Nel prossimo decennio o ventennio con lo studio delle atmosfere dei pianeti scoperti e che saranno scoperti, saremo in grado di stabilire se la vita esiste fuori dalla Terra. L'equazione di Seager ha parametri di non difficile determinazione. Per il momento possiamo concludere che è molto improbabile che siamo soli.

11

Il grande silenzio (cercando E.T.)

Finora non abbiamo prove dell'esistenza di intelligenza e di vita extraterrestre, anche se l'esistenza di quest'ultima è certamente più probabile della vita intelligente. Abbiamo visto nel Cap. 9, l'esistenza di *convergenze evolutive*, ossia la tendenza di svariate specie che vivono nello stesso ambiente a sviluppare, sotto la spinta della selezione naturale, determinate strutture che fanno sì che esse si assomiglino. Abbiamo anche fatto alcuni esempi di convergenze evolutive. Una domanda senza risposta certa è se l'intelligenza possa essere un ulteriore carattere convergente, ossia se la sua apparizione sia solo una questione di tempo. Nella discussione del capitolo precedente, abbiamo visto che alcuni scienziati credono che l'intelligenza tenda a crescere col tempo passando da specie più semplici a più complesse, e che, supposto che ci sia abbastanza tempo, si arriverebbe a livelli di intelligenza simili a quelli dell'uomo. Altri invece la pensano in maniera completamente diversa, come Ernst Mayr, per il quale *solo una delle 50 miliardi delle specie vissute sulla Terra è stata in grado di generare civiltà* e tecnologia elettronica. Anche per Stephen Jay Gould la comparsa della specie umana è dovuta ad una successione di contingenze. Alcune semplici stime concludono che una specie avanzata possa conquistare una galassia in qualche decina di milioni di anni. Si stima anche che da almeno 9 miliardi di anni esistano terre e super-terre abitabili. Quindi nasce spontanea la domanda che Fermi pose ai suoi colleghi nel 1950: *dove sono tutti?* Anche se la possibilità di un contatto reale tra la nostra ed altre civiltà possa essere improbabile, il contatto mediante trasmissioni con onde elettromagnetiche è più semplice e questo fa sì che il *grande silenzio* sia piuttosto anomalo. Questo silenzio potrebbe essere dovuto a diversi motivi: la scarsità della vita tecnologica nell'Universo o in generale della vita, le grandi distanze di queste civiltà, una breve vita delle civiltà avanzate che potrebbero autodistruggersi o scomparire per cause naturali. In quest'ultimo caso, come dice Aditya Chopra il grande silenzio sarebbe dovuto al fatto che gli extraterrestri sono tutti morti. Un'altra possibilità è il non interesse delle civiltà evolute a comunicare, o che esse comunichino ma noi non siamo in grado di riconoscere tali segnali perché inviate con tecnologie che non conosciamo. Questo discorso ci porta a concludere che non essendo certi sui punti su elencati, non ci resta che provare a scandagliare il cielo in cerca di segnali o inviarne di nostri nella speranza che una qualche civiltà li riceva e ci risponda.

I progetti SETI

Da quando Cocconi e Morrison, nel 1959, avevano pubblicato il loro articolo *Searching for Insterstellar Communications* su Nature, e Drake, nel 1960, aveva iniziato il suo progetto Ozma sono passati molti anni. Cosa è accaduto in tutti questi anni? Ci sono novità sulla ricerca della vita extraterrestre? Come abbiamo accennato parlando della vita nel sistema solare nel Cap. 5, ci sono stati svariati tentativi, inviando sonde nel nostro sistema solare, e le idee di Morrison e Cocconi di cercare dei segnali inviati da una civiltà extraterrestre hanno prodotto parecchie iniziative. Nell'articolo erano insite le idee del progetto SETI (Search for Extra-Terrestrial Intelligence). Per comunicare bisogna inviare e captare una certa forma di energia. La forma di energia migliore a grandi distanze è la radiazione elettromagnetica perché l'Universo è particolarmente trasparente alla gran parte di questa radiazione. L'intervallo di frequenze possibili è enorme e ci si chiede quale sia la migliore frequenza nella quale cercare. Le stelle emettono con molta potenza nell'intervallo della luce visibile e relativamente poco nelle frequenze radio. Quando da un pianeta vengono emesse onde radio è più facile rivelarle. Le microonde, nella banda delle onde radio, costituiscono le frequenze migliori perché ci sono meno interferenze naturali. Secondo Morrison e Cocconi in questa banda esiste una frequenza di particolare interesse, si tratta dell'emissione dell'idrogeno a 21 centimetri. Un'altra lunghezza d'onda interessante è quella di 18 cm derivante dal radicale ossidrile (–OH) che si origina dalla rottura della molecola dell'acqua. La regione compresa tra 18 e 21 cm, nota come il *buco dell'acqua*, è una regione libera da interferenze ed è considerata una regione di lunghezze d'onda importante per la comunicazione con civiltà extraterrestri. Per sicurezza si compiono ricerche anche in molte altre lunghezze d'onda. Di solito vengono seguite due diverse strategie nella ricerca. La prima strategia è quella di rivolgere l'attenzione a stelle vicine che possano avere pianeti extrasolari e l'altra è quella di scansionare il cielo su ampi intervalli di lunghezze d'onda. La sensibilità dei sistemi di rilevamento attuali permettono di captare segnali *intenzionali*, ossia non naturali, molto potenti a grandi distanze e distinguerli da segnali provenienti dalla Terra. L'idea di Morrison e Cocconi venne messa in pratica nel 1960, col progetto Ozma del quale abbiamo parlato nel Cap. 10. Tale progetto fu sostanzialmente il primo progetto SETI. Solo molti anni più tardi, nel 1984, nacque un istituto dedicato alla ricerca della vita intelligente extraterrestre dotata di una tecnologia che le permettesse di inviare segnali nel cosmo, chiamato *Istituto SETI*, diretto da Frank Drake fino alla sua morte avvenuta nel 2022. La prima conferenza dedicata al SETI fu organizzata nel 1961 a Green Bank e qualche anno più tardi anche i sovietici iniziarono ad interessarsi alla ricerca di vita intelligente extraterrestre. Nel 1966, Sagan e il sovietico Shklovskii, pubblicarono *Intelligent life in the Universe*, come abbiamo visto nel Cap. 3, che oltre a trattare della vita nel nostro sistema solare e al di fuori di esso, trattava dei possibili contatti radio, ottici e persino diretti fra civilizzazioni galattiche. Al progetto Ozma ne seguirono parecchi altri. I progetti SERENDIP (*Search for Extraterrestrial Radio Emissions from Nearby Developed Intelligent Populations*) a partire dal 1979, seguiti nel 1985 dal *Progetto META* (Megachannel Extra-Terrestrial Array), il cui analizzatore di spettro aveva una capacità di 8 milioni di canali. Nei programmi SETI entrò anche il governo statunitense che finanziò il programma MOP (Microwave Observing Program) della NASA. Lo scopo del programma era quello di eseguire una ricerca mirata di 800 specifiche stelle vicine. Il programma ebbe vita breve, fu infatti cancellato l'anno dopo ma il progetto ripartì con il nome di *Progetto Phoenix*, supportato da fonti di finanziamento privato ed inoltre il numero delle stelle osservate fu aumentato a 1000. Anche il *progetto BETA* (Billion-Channel Extraterrestrial Array) 1000 miliardi di volte più potente della strumentazione usata nel progetto Ozma ebbe vita breve, mentre ha avuto più fortuna il *progetto ATA* (Allen Telescope Array).

Entrato in funzione nel 2007 con un allineamento di radiotelescopi specializzati per gli studi SETI costituito da 42 antenne è stato ampliato a fine 2010, arrivando a 350 antenne disposte su un'area di 1 km di diametro, funzionanti come un unico radiotelescopio. Il progetto cerca segnali nelle 20 000 nane rosse più vicine candidate ad ospitare le civiltà più antiche. Nel 1999 l'Università di Berkeley iniziò un altro progetto chiamato *SETI@home*. Con questo progetto chiunque può essere coinvolto nella ricerca SETI, semplicemente scaricando da internet un software. Il progetto utilizza i dati di osservazione del radiotelescopio di Arecibo. I dati vengono immagazzinati ed inviati ai server di SETI@home. Successivamente, i dati, vengono divisi in piccoli pezzi ed analizzati grazie al software per cercare i segnali. Ogni blocco di dati viene analizzato dai computer dei volontari che poi rimandano indietro il risultato dell'analisi. In questo modo, quello che sembra un problema molto oneroso in termini di analisi dei dati è ridotto ad un problema molto più ragionevole grazie all'aiuto di una grande comunità di volontari. Nel 2004 è stato rilasciato SETI@home II, ma dopo oltre vent'anni il progetto ha annunciato la sua chiusura, almeno nella forma attuale, nel 2020. Un contributo al SETI viene anche dal radiotelescopio cinese FAST (Five Hundred Metre Aperture Spherical Telescope), che dal 2016 è il più grande del mondo e fra qualche hanno dovrebbe diventare operativo il radiotelescopio SKA (Square Kilometer Array) al quale collaborano un centinaio di organizzazioni di venti paesi. SKA sarà costituito da migliaia di antenne poste in Australia e Sud Africa ed avrà un milione di metri quadrati di superficie. Come già detto, esso sarà in grado di rivelare il radar di un aeroporto in un pianeta posto a 50 anni luce. Come accennato nell'introduzione, nel 2015 è stato fondato il *Breakthrough Initiatives*, un progetto decennale, con lo scopo di cercare l'intelligenza extraterrestre. Uno dei progetti del programma è il *Breakthrough Listen*. Verranno usati tre telescopi, quello di Green Bank, l'osservatorio Parkes, ed il telescopio ottico dell'osservatorio Lick, che studieranno un milione di stelle della Via Lattea e un centinaio di galassie vicine.

I progetti OSETI

Mentre la maggior parte degli esperimenti SETI osserva il cielo nello spettro delle onde radio, alcuni ricercatori hanno considerato la possibilità che civiltà aliene possano ricorrere ad emissioni nell'ottico. Perché si possa comunicare con radiazione ottica è necessario che essa sia molto intensa. Ciò si può ottenere con la tecnologia laser, generando brevi impulsi di luce sufficientemente potenti da essere riconosciuti a grandi distanze. L'idea è stata esposta per la prima volta sulla rivista scientifica *Nature* nel 1961 e nel 1983 ripresa in modo dettagliato sulla rivista statunitense *Proceedings of the National Academy of Sciences* da Charles Townes, uno degli inventori del laser. Questo tipo di SETI effettuata nell'ottico viene detta OSETI, ossia SETI ottica. Una delle particolarità di OSETI è che impulsi da cercare sono molto molto più rapidi e di banda più ampia di quelli radio. Per captare questi segnali sono sufficienti telescopi ottici di medie dimensioni, alla portata di qualunque amatore. La ricerca di segnali a frequenze ottiche presenta due problemi. Il primo problema è che, mentre le onde radio possono essere emesse in tutte le direzioni, i laser sono altamente direzionali. Questo significa che un raggio laser potrebbe venire bloccato da una nube di gas interstellare, inoltre potrebbe essere osservato dagli osservatori terrestri solo se questo puntasse verso di loro. L'altro problema è che i laser emettono luce di una sola specifica frequenza, rendendo difficile immaginare quale si debba cercare mettendosi in ascolto. Tuttavia, questo problema si può risolvere con tecniche matematiche.

Negli anni ottanta due ricercatori sovietici condussero una breve ricerca OSETI, che non produsse alcun risultato. Durante la maggior parte degli anni novanta la ricerca OSETI è stata tenuta viva dalle osservazioni di Stuart Kingsley. Numerosi esperimenti OSETI sono oggi in atto. Un gruppo di studiosi delle università di Harvard e della Smithsonian Institution ha ideato un rilevatore laser e lo ha montato sul telescopio ottico da 155 cm di Harvard. Fra l'ottobre 1998 e il novembre 1999, la ricerca ha esaminato circa 2500 stelle. Nulla che sembrasse un segnale laser intenzionale fu rilevato, eppure gli sforzi continuano. L'università di Berkeley sta anch'essa conducendo due diversi tipi di ricerche OSETI. La prima viene diretta da Geoffrey Marcy, lo scopritore di pianeti extrasolari dopo Mayor e Queloz, e implica l'esame di registrazioni degli spettri raccolti durante la caccia a pianeti extrasolari, per cercarvi segnali laser che siano continui piuttosto che pulsanti. La seconda è più simile a quello cui mira il gruppo delle università di Harvard e dello Smithsonian Institute e viene diretta da Dan Wertheimer di Berkeley. Tra il 2004 e il 2016 un gruppo di astronomi della University of California di Berkeley, sempre nell'ambito del progetto SETI, ha vagliato circa 5600 stelle della Via Lattea, *delle quali almeno 2000 sono circondate – o potrebbero essere circondate – da pianeti sui quali non sarebbe da escludere la vita*. E indovinate un po' il risultato: niente di niente.

C'è poi un altro problema. Come si fa a capire se un segnale è naturale o prodotto da qualche civiltà extraterrestre? Un primo indizio fondamentale per un segnale da una civiltà è che esso si ripeta. Se si vuole essere identificati non si manda un segnale unico. Sappiamo che ci sono segnali naturali che si ripetono ad intervalli regolari, ad esempio gli impulsi delle stelle particolari, le pulsars. Quindi il segnale dovrebbe avere qualcosa che non possa essere prodotto da un segnale naturale. Ad esempio il segnale dovrebbe avere per esempio contenuti matematici o simili. C'è un altro modo di verificare se un segnale è naturale o meno, la cosiddetta *legge di Zipf* enunciata da George K. Zipf in un suo libro nel 1949. La legge mostra che per ogni parola utilizzata con una certa frequenza ve ne sono circa dieci che compaiono un decimo delle volte, cento che compaiono un centesimo e così via. La legge vale per tutte le lingue del mondo ed anche nelle emissioni dei delfini. Si pensa che anche i linguaggi extraterrestri la soddisfino.

I progetti METI

Il SETI cerca segnali provenienti dallo spazio, ma si può anche pensare a nostra volta di inviare messaggi a civiltà extraterrestri. Questo è il SETI attivo o METI (Messaging to Extra-Terrestrial Intelligence), acronimo coniato negli anni ottanta da Alexander L. Zaitsev.

Un problema per il METI è la mancanza di un protocollo di comunicazione prestabilito. In genere i messaggi creati sono stati basati sulla logica simbolica che esprimono nozioni matematiche o utilizzare un linguaggio pittorico. Si è pensato che contare, fare somme o sottrazioni debba essere una capacità generale. Nel 1960 il matematico Hans Freudenthal sviluppò *Lincos* (dal latino, lingua cosmica) come possibile linguaggio da usare nelle trasmissioni radio verso civiltà extraterrestri. Lincos fu utilizzato nel 1999 e nel 2003 dagli astrofisici Yvan Dutil e Stephane Dumas per inviare messaggi a stelle vicine. In seguito furono costruiti altri linguaggi con finalità simili quali Astraglossa e CosmicOS. A parte il linguaggio di comunicazione il METI ha un altro inconveniente: il tempo per lo scambio di messaggi. Se esistessero civiltà sulla stella più vicina Proxima Centauri ci vorrebbero 4,2 anni perché il messaggio arrivi lì e altrettanto perché riceviamo la risposta. Un tempo ragionevole. Ma se la civiltà fosse sulla galassia di Andromeda per inviare un messaggio e ricevere una risposta passerebbero ben 5 milioni di anni. Il METI mediante l'invio di messaggi radio è stato iniziato involontariamente con le nostre trasmissioni radio e televisive nella prima metà del XX secolo. Questi segnali erano di potenza modesta e potrebbero aver raggiunto soltanto qualche stella vicina. I primi segnali emessi intenzionalmente furono inviati nel 1962 da Eupatoria, nella Penisola di Crimea, e diretti verso Venere e che rimbalzarono verso la Terra, ed in parte essi sono in viaggio verso la stella Gliese 581, avente tre pianeti extrasolari.

Nel 1974, fu inviato il cosiddetto *Messaggio di Arecibo*, un messaggio radio trasmesso nello spazio dal radiotelescopio di Arecibo in Porto Rico ed indirizzato verso l'Ammasso Globulare di Ercole (M13) che si trova a 25 000 anni luce di distanza da noi. Si scelse di inviare il messaggio verso M13 per due semplici motivi: si tratta dell'ammasso globulare più luminoso dell'emisfero boreale, ed era visibile (anche ad occhio nudo) in cielo nel momento in cui si decise di inviare il messaggio, inoltre si tratta di un'ampia costellazione relativamente stabile. Il messaggio lungo meno di tre minuti e composto da 1679 cifre binarie fu ideato da Frank Drake e Carl Sagan e conteneva informazioni sui numeri atomici di elementi importanti per la vita, informazioni sul DNA, sulla popolazione della Terra, una rappresentazione grafica di un corpo umano,

11 Il grande silenzio (cercando E.T.)

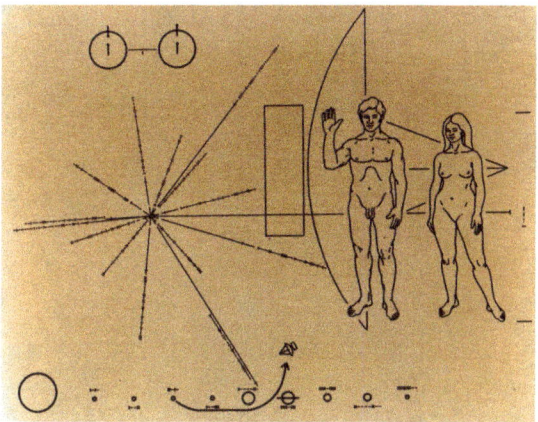

Figura 11.1 Placca dei Pioneer. (Credits: Nasa)

uno schema del Sistema Solare con evidenziata la posizione del nostro pianeta ecc. Al tempo in cui il messaggio raggiungerà l'ammasso globulare, tra 25 000 anni, il suo nucleo non si troverà più nella posizione attuale, a causa del suo movimento attorno al centro galattico. Tuttavia il moto proprio di M13 è così piccolo che il messaggio dovrebbe comunque raggiungere il centro dell'ammasso. In seguito furono inviati messaggi verso stelle distanti tra 32 e 69 anni luce. Solo per fare qualche esempio, il 6 luglio 2003 furono inviati segnali verso diverse stelle. Quello diretto verso la stella 55 Cancri dovrebbe arrivare a destinazione nel maggio 2044, e quello diretto verso 47 Uma dovrebbe arrivare nel maggio 2049. Nel 2008 fu inviato un segnale verso Gliese 581 c pianeta su cui si suppone possano esistere condizioni favorevoli allo sviluppo della vita. Il segnale dovrebbe arrivare sul pianeta nel 2028 e se ci sarà una risposta dovremmo riceverla nel 2048. Nel 2013 fu iniziato il progetto *Lone signal* (segnale solitario) che permetteva l'invio continuo di brevi messaggi di singole persone verso la nana rossa Gliese 526 a 17,6 anni luce.

Oltre alla trasmissione di segnali con radiotelescopi il METI ha realizzato altri progetti. Nel 1972 e 1973 furono lanciate, rispettivamente, le sonde Pioneer 10 e Pioneer 11 verso il Sistema solare esterno.

Si decise di aggiungere un messaggio, due placche (Fig. 11.1) di 15 × 23 cm raffiguranti una coppia umana, la nostra posizione nel Sistema solare e altri dati.

Nel 1977 vennero lanciate le sonde Voyager 1 e 2 ed anche su di esse furono inserite due placche d'oro (Fig. 11.2) sulle quali erano incise 115 immagini, 55 messaggi in lingue diverse del mondo, vari suoni della natura della Terra e suoni umani. Alcuni, tra cui il fisico Stephen Hawking e il fisico e scrittore

Figura 11.2 Dischi dei Voyager. (Credits: Nasa)

di fantascienza David Brin, hanno criticato pesantemente il METI in quanto, si rischia di mettere in pericolo il nostro pianeta, non conoscendo il livello di sviluppo e le intenzioni degli extraterrestri. Hawking metteva in evidenza, che dalla nostra storia, si deduce che l'incontro di civiltà hanno portato grossi problemi alle civiltà meno avanzate.

Segnali dal SETI?

Quali sono i risultati degli esperimenti SETI? Nessuno, eccetto il *segnale Wow!* del 1977, ed un altro segnale del 2011. La mattina del 18 agosto 1977 l'astronomo Jerry Ehman, mentre controllava alcuni dati provenienti dal Big Ear Radio Observatory, scoprì un insolito segnale extraterrestre. Per il grande stupore il ricercatore dopo aver cerchiato con una penna rossa il segnale scrisse accanto la parola "Wow!", da qui il nome appunto di *segnale Wow!*. Il segnale durò circa 72 secondi e dovrebbe essere stato originato in una regione dello spazio in direzione della costellazione del Sagittario, con picco di intensità molto vicina alla frequenza della riga a 21 cm dell'idrogeno neutro. Tutti i ricercatori aderenti al programma SETI cercarono altri segnali simili a questo, ma purtroppo ad ora nessuno è mai più riuscito ad osservare questo tipo di trasmissione radio, malgrado i numerosissimi tentativi. Era un segnale di civiltà extraterrestri? Al momento non c'è una risposta certa a questa domanda. Tra le possibili soluzioni una delle più recenti è del docente del St. Petersburg College in Florida, l'astronomo Antonio Paris. Secondo Paris il segnale potrebbe essere stato prodotto da due comete che nel 1977 si trovavano localizzate proprio in prossimità della fonte del segnale: 266P/Christensen e 335P/Gibbs. Il segnale quindi sarebbe stato prodotto dalla nube di idrogeno che le accompagna e non si sarebbe più ripetuto in quella stessa posizione perché nel tempo le comete hanno modificato leggermente la loro orbita, non ripassando più per quel punto dello spazio. Tuttavia questa è solo una delle tante teorie sviluppate nel corso di questi quasi 50 anni, la verità è che ancora non abbiamo una risposta certa su chi o cosa abbia prodotto quel misterioso segnale. Un altro segnale su cui non c'è chiarezza è quello ricevuto tra gennaio e febbraio 2011. Il SETI segnala la ricezione di 2 segnali "non naturali" e "di probabile origine extraterrestre", puntando le antenne su 50 pianeti candidati scoperti pochi mesi prima dalla missione Kepler. Visto che i segnali non si sono più ripetuti, si suppone che fossero dovuti a interferenze terrestri. Tuttavia il SETI continuerà ad osservare quella regione di cielo su altre frequenze radio.

A questo punto nasce spontanea un'altra domanda: a che cosa può essere dovuto questo grande silenzio? Una possibile risposta potrebbe essere simile a quella data da Fermi nel 1950, sulla quale si basa il paradosso di Fermi. Semplicemente non ci sarebbe vita extraterrestre evoluta al punto da poter comunicare o venirci a trovare. Un semplice calcolo darebbe ragione a Fermi. Sappiamo che oggetti massivi non possono raggiungere la velocità della luce e questo mette una pesante ipoteca sulla possibilità, anche futura, di viaggi al di fuori del sistema solare. La durata del viaggio imporrebbe la partenza di una comunità in grado di autosostenersi e di riprodursi. Alcune stime arrivano a concludere che se la comunità potrebbe colonizzare l'intera galassia in tempi da 5 a 20 milioni di anni, potendosi spostare a velocità pari al 10% o all'1% della velocità della luce, rispettivamente, tempi molto brevi su scala cosmica. L'assenza di ricezione di segnali o di una visita di civiltà aliene su questo pianeta, darebbe ragione a Fermi. Questo sarebbe in accordo con l'ipotesi della *Terra Rara*, ossia la vita sulla Terra è un fenomeno eccezionale, nata da una miriade di combinazioni casuali. Su questo punto di vista concorda il risultato di un articolo di Snyder-Beatty e collaboratori, anche in accordo con l'argomentazione originale suggerita da Brandon Carter secondo cui la vita intelligente nell'Universo è eccezionalmente rara. Tuttavia, il modello, basato sulla statistica bayesiana, è probabilmente troppo semplice per essere significativo. Bloetscher, utilizzando la statistica bayesiana, conclude che la probabilità che siamo soli nella galassia è significativa, tuttavia il numero massimo di civiltà contemporanee potrebbe essere fino a un migliaio, il che non è così piccolo. Il punto di vista secondo cui siamo soli, tuttavia, non è accettato da gran parte della comunità scientifica. Un'altra possibilità sarebbe la breve durata delle civiltà. Abbiamo discusso questo punto nel Cap. 10, parlando del termine L, la durata media delle civiltà tecnologicamente evolute. Abbiamo visto che ci sono molte ragioni per le quali una civiltà possa scomparire, sia culturali che naturali. La distruzione totale dovuta ad un conflitto termonucleare globale o una regressione a livelli primitivi dovuta a conflitti. Impatti da asteroidi, comete, o super-vulcanismo possono annientare una civiltà. Una civiltà potrebbe anche non voler comunicare anche se ha sviluppato i mezzi adatti, o perché sono molto più avanzati di noi e non hanno interessi a comunicare oppure potrebbero pensare che un contatto diretto possa nuocere a entrambi. Legato a questa possibilità c'è la *teoria della foresta oscura* secondo la quale una civiltà capace di viaggiare nello spazio considererebbe ogni altra vita intelligente come una inevitabile minaccia e non cercherebbe di comunicare. Un'altra possibilità è la *teoria dell'autarchia* secondo la quale la civiltà sarebbe così evoluta perfettamente autarchica, e non avrebbe, quindi, alcun motivo per espandersi. Un'altra possibilità è che gli extraterrestri potrebbero comunicare non usando la tecnologia delle onde elettromagnetiche, ma i neutrini o le onde gravitazionali. Se comunque tale civiltà fosse evoluta a questo punto, non dovrebbe essere difficile ricevere e decodificare segnali radio, anche se per loro ormai obsoleti. Nel 2018 Alexander Berezin della National Research University of Electronic Technology ha avanzato una nuova proposta, rinominata "First in, last out", ossia il primo che entra è l'ultimo ad uscire. Lo studio ipotizza che le civiltà che sviluppano la capacità di compiere viaggi interstellari tenderebbero, nei tentativi di espansione, a eliminare le altre senza che sussistano necessariamente intenzioni negative. Un'altra idea è quella dell'esistenza del *Grande Filtro* una specie di ostacolo che impedisce il contatto con civiltà extraterrestri e la loro evoluzione.

Per capire di che si tratta bisogna prendere in esame la scala di Kardashev, una nota classificazione delle civiltà intelligenti. Quelle di Tipo I, hanno l'abilità di sfruttare tutte le energie a disposizione sul pianeta che la ospita. Secondo Carl Sagan noi saremmo arrivati al Tipo 0,7. Quelle di Tipo II possono sfruttare tutta l'energia della stella al centro del proprio sistema. Quelle di Tipo III possono sfruttare l'intera galassia, qualcosa di letteralmente inconcepibile per il nostro status attuale. A un certo punto dello sviluppo di una civiltà, prima del raggiungimento del Tipo III, potrebbe esistere una specie di barriera contro cui tutte le civiltà virtualmente si scontrano: una fase, nel corso del lungo processo evolutivo, che è impossibile o perlomeno molto difficile da superare. Il Grande Filtro sarebbe una sorta di intralcio che inibisce lo sviluppo di civiltà extraterrestri durevoli nel tempo. Un'altra possibilità è che le civiltà siano troppo lontane nello spazio e nel tempo. Tralasciando l'idea che intere comunità si organizzino per conquistare la galassia, ricevere segnali da un'alta civiltà nella nostra stessa galassia è proibitivo. Volendo essere ottimisti e supporre che ci siano 1000 civiltà avanzate nella nostra galassia, possiamo stimare la distanza media tra ciascuna civiltà che è di circa 1992 anni luce. Questo ci fa capire perché è molto difficile comunicare con queste civiltà. Inviando un segnale, riceveremmo una risposta dopo 3984 anni. Non parliamo nemmeno della possibilità di entrare in contatto con loro. Se il numero delle civiltà fosse pari a 10, la distanza media tra loro sarebbe di 9244 anni luce, e così via, e mandare un semplice "Ciao" ed ottenere una risposta impiegherebbe 18 488 anni. Riassumendo, anche avendo un gran numero di civiltà nella nostra galassia, non avremo la possibilità di contattarle.

Metodi SETI peculiari

Le ricerche SETI, OSETI, METI, non ci hanno fornito risultati particolarmente interessanti. Gli studi dei pianeti extrasolari sono agli inizi, ma promettenti. Nei prossimi decenni potremmo scandagliare le atmosfere di quei pianeti alla ricerca di biomarcatori. Intanto gli scienziati che si interessano alla ricerca della vita nell'Universo stanno cercando altre strade per rilevare tracce aliene. Coi progetti METI abbiamo lanciato alcune nostre sonde nello spazio con dei messaggi. C'è chi ha pensato che gli extraterrestri possano aver fatto qualcosa del genere. Il 18 ottobre 2017, Rob Weryk un membro del team che lavora al Pan-STARRS (*Panoramic Survey Telescope & Rapid Response System*), un sistema esplorativo di corpi celesti, sviluppato e gestito dall'università delle Hawaii scoprì il primo oggetto proveniente da un altro sistema stellare denominato: 1I/'Oumuamua. Il numero 1 sta ad indicare che si tratta del primo oggetto di questo tipo catalogato, la I proviene dall'indicazione *Interstellare*, mentre 'Oumuamua significa "messaggero che arriva per primo da lontano" in lingua hawaiana. La sua insolita traiettoria e la sua velocità relativa rispetto al sistema solare di circa 26 chilometri al secondo, fecero subito capire che si trattava di un oggetto interstellare probabilmente proveniente all'incirca dalla direzione della stella Vega. La sua forma era atipica, rassomigliava più a un siluro, lungo svariate decine di metri, che ad un asteroide. La luce proveniente da esso variava di un fattore 10 ogni 5 ore. Alcune osservazioni hanno portato a ipotizzare che sulla superficie di 'Oumuamua sia presente uno strato di materiale organico spesso circa 50 cm, che impedisce la sublimazione del ghiaccio contenuto al suo interno, ostacolando quindi la formazione della scia che ci si aspetterebbe con questo tipo di traiettoria rispetto al Sole. Durante il passaggio alla minima distanza dal sole è stata registrata una lieve accelerazione ($0,000005$ m/s^2) non gravitazionale. Una possibile spiegazione a questa accelerazione è che sia dovuta ad una modesta attività cometaria. Sembra che

Figura 11.3 Immagine artistica di una sfera di Dyson

l'oggetto abbia sviluppato una modesta chioma prodotta dallo scioglimento di ghiaccio su di esso, ad opera della radiazione solare. Un'altra spiegazione è che l'accelerazione sia stata generata come effetto della radiazione solare se 'Oumuamua avesse uno spessore compreso tra 0,3 e 0,9 mm, ovvero fosse una "vela solare" artificiale. In un articolo pubblicato nel 2018, Abraham Loeb e Shmuel Bialy sostenevano che per poter giustificare la graduale accelerazione di 'Oumuamua, l'oggetto doveva avere uno spessore inferiore al millimetro e un diametro di almeno venti metri. Loeb sostiene che 'Oumuamua potrebbe essere un artefatto alieno. Tale ipotesi rimane sostanzialmente speculativa. Un recente studio condotto da due astrofisici dell'Arizona State University, Steven Desch e Alan Jackson della School of Earth and Space Exploration, ha stabilito che si è trattato di un frammento di un pianeta simile a Plutone proveniente da un altro sistema planetario.

L'intelligenza extraterrestre può essere captata mediante radiotelescopi, ma può anche essere dedotta da anomalie vicino ad un pianeta, indicative di quelle che l'astrofisico Nikolai Kardashev definì civiltà di tipo II, capaci di sfruttare tutta l'energia disponibile dalla sua stella madre. Per sfruttare tale energia si potrebbe costruire una struttura particolare detta *sfera di Dyson* (Fig. 11.3). Nel 1960, Freeman Dyson pubblicò un articolo sulla rivista *Science* dal titolo *Search for Artificial Stellar Sources of Infrared Radiation* (Ricerca di sorgenti stellari artificiali di radiazione infrarossa). Nell'articolo Dyson teorizzò che delle società tecnologicamente avanzate avrebbero potuto circondare completamente la propria stella natia per poter massimizzare la cattura di energia proveniente dall'astro. Questa struttura sferica potrebbe possibile intercettare tutta la luce visibile per inviarla verso l'interno, mentre tutta la radiazione non utilizzata verrebbe mandata all'esterno sotto forma di radiazione infrarossa.

Da ciò consegue che un possibile metodo per cercare civiltà extraterrestri potrebbe essere proprio la ricerca di grandi fonti di emissione infrarossa. Nel 2015, i ricercatori della Penn University hanno ripreso questa idea e setacciato con l'ausilio del telescopio all'infrarosso Wise della NASA oltre 100 000 stelle. Se una civiltà extraterrestre avesse colonizzato una galassia, infatti, utilizzerebbe così tanta energia che le emissioni all'infrarosso sarebbero rilevabili anche da noi. Un coautore della ricerca, Roger Griffith spiega:

"Il nostro lavoro è iniziato cercando galassie negli oltre 100 milioni di oggetti rilevati da Wise, all'interno dei quali abbiamo individuato circa 100 000 candidati. Tra questi, circa 50 hanno mostrato una forte emissione nel medio infrarosso."

Sfortunatamente le successive analisi hanno indicato una causa naturale per tali emissioni. Griffith continuando ha detto

"Il risultato è interessante perché molte delle galassie studiate hanno età di miliardi di anni, e quindi al loro interno ci sarebbe stato tutto il tempo affinché civiltà molto avanzate potessero svilupparsi. Le nostre conclusioni sono che o civiltà avanzate non esistono, oppure che se esistono non sono così avanzate da emettere quantità di energia significative."

Insomma, secondo questi ricercatori se le civiltà extraterrestre esistono, vivono senza consumare energia in quantità rilevabili. Un'altra ricerca simile, con risultati più positivi, è stata già effettuata da dei ricercatori del Fermilab di Chicago usando il satellite IRAS per scoprire anomalie nella parte infrarossa dello spettro. Su 250 000 stelle sono stati trovati 17 candidati, e fra questi 4 hanno delle variazioni difficili da spiegare attraverso fenomeni naturali. Il candidato migliore è IRAS 20369-5131. I promotori della ricerca hanno sostenuto che con i dati di IRAS si potrebbero scoprire sfere di Dyson fino a 1000 anni luce. Hongying Chen un postdoc dell'istituto cinese NAO e M. A. Garret hanno studiato l'emissione infrarossa di 21 galassie. Mentre l'origine dell'emissione per diciannove di esse è di origine naturale, per le restanti due, ILT J134649.72+542621.7 e ILT J145757.90+565323.8, la situazione non è chiara. Nello studio i due ricercatori hanno concluso che potrebbero essere abitate da civiltà di tipo III. Esistono speculazioni simili relative al vuoto di Bootes. Nell'Universo esistono regioni più o meno sferiche che contengono pochissime galassie. Il Vuoto di Bootes si trova a 700 milioni di anni luce da noi, ha un diametro di oltre 330 milioni di anni luce e contiene solo 60 galassie. È così grande che si ritiene che se la Via Lattea fosse stata proprio al centro del vuoto, gli esseri umani avrebbero impiegato fino agli anni '60 per scoprire l'esistenza di altre galassie. Secondo le stime moderne sull'età dell'Universo, il vuoto più grande dovrebbe essere dell'ordine delle decine di milioni di anni luce di diametro. Il vuoto di Bootes è circa 10 volte più grande di quanto dovrebbe essere. La sua origine può essere spiegata in maniera naturale, mediante la coalescenza di vuoti più piccoli oppure alcune speculazioni affermano che quando guardiamo il Vuoto del Bootes, non vediamo nulla perché enormi sfere di Dyson o strutture simili sono state costruite su migliaia di galassie, impedendo alla luce delle stelle di raggiungerci, facendo sembrare la regione vuota. In altre parole, il Vuoto del Bootes sarebbe costituito da una serie di galassie abitate da una civiltà di Tipo III. Però, facendo semplici calcoli che tengano conto delle dimensioni del Vuoto, le specie che lo occuperebbero non avrebbero tempo di creare la discendenza necessaria per colonizzare tutto quello spazio.

Alcuni intravidero le anomalie indicative di una civiltà di tipo II nelle strane fluttuazioni di luce che furono ricevute a partire dall'ottobre 2015 dalla stella KIC 8462852 o stella di Tabby, in onore dell'astronoma Tabetha Suzanne Boyajian. Il telescopio spaziale Kepler mostrò delle diminuzioni nella stella fino al 20%, ad intervalli non periodici, che non potevano essere associate alla presenza di un compagno stellare o a qualche pianeta.

Le variazioni irregolari della luminosità della stella sono compatibili con una grande massa, o un insieme di molte piccole masse, orbitante attorno alla stella. Sono state proposte alcune ipotesi per spiegare l'insolito profilo di emissione della stella ma nessuna è universalmente accettata. Nell'ottobre 2015 Jason Wright ha avanzato l'ipotesi che l'insolita variazione di emissione di luce potesse essere associata a vista extraterrestre intelligente. Secondo Wright gli oggetti che eclissano la stella possono appartenere ad una megastruttura realizzata da una civiltà aliena, come ad esempio una sfera di Dyson. L'istituto SETI ha iniziato il 19 ottobre 2015 a puntare le antenne paraboliche dell'ATA (Allen Telescope Array) verso la stella per ricercare emissioni radio provenienti da vita extraterrestre intelligente, senza successo. Nel mese di ottobre del 2017, dopo lunghi studi, la NASA ha comunicato che le variazioni di luminosità dell'astro sono dovute ad un disco di polveri e altri materiali con una struttura molto irregolare e mobile. Studi successivi hanno confermato l'ipotesi. Dalle analisi, i ricercatori hanno notato che qualunque materiale esista tra noi e la stella di Tabby bloccherebbe più luce blu che luce rossa. L'unica spiegazione, quindi, che rimane in piedi è quella della polvere spaziale. Eppure, anche nella polvere spaziale, c'è qualcosa che non sembra tornare. Se fosse un anello di polvere attorno alla stella bloccherebbe costantemente la luce delle stelle piuttosto che generare fluttuazioni di luminosità. E la quantità di polvere necessaria dovrebbe essere maggiore di quella che la stella di Tabby sarebbe in grado di produrre. La Boyajian parlando della stella ha detto "Non abbiamo certamente ancora finito con questa stella". Un fenomeno simile a quello della stella di Tabby è stato osservato intorno alla stella nana rossa EPIC 204376071. Il corpo celeste è stato oggetto di un sorprendente calo di luminosità, che ricorda molto da vicino la stella di Tabby. Al pari di quest'ultima, questa strana stella potrebbe essere oscurata da una nube di polvere in orbita, un residuo del disco protoplanetario da cui si nascono i pianeti intorno alle stelle. Questa è, però, solo una delle ipotesi possibili, estremamente difficili da confermare con i pochi dati in possesso. Un'altra possibile spiegazione potrebbe essere nella presenza di un grande pianeta gassoso circondato da anelli, di dimensioni notevolmente maggiori rispetto a quelli di Saturno, ma quest'ultima teoria potrebbe essere presto abbandonata vista la poca coincidenza tra le simulazioni al computer e le osservazioni realizzate. Insomma cosa sia posizionato tra la stella e il nostro punto di osservazione rimane sostanzialmente un mistero. Forse una sfera di Dyson?

Per millenni l'uomo è dovuto limitarsi a speculazioni sull'esistenza di vita ed intelligenza extraterrestri. Nel XX secolo lo studio della possibilità che esistesse vita fuori della Terra fu screditato, anche da scienziati di valore come Fermi. Oggi le cose stanno rapidamente cambiando e a questo ha contribuito la scoperta dei pianeti extrasolari. Con i nuovi progetti di esplorazione più potenti mai intrapresi, fra qualche decennio, se la vita extraterrestre esiste, saremmo in grado di rilevarla. Abbiamo già dimostrato che Epicuro aveva ragione quando scriveva

> "I mondi poi sono infiniti, sia quelli uguali al nostro sia quelli diversi; poiché gli atomi, che sono infiniti [...], percorrono i più grandi spazi. Non vengono esauriti infatti tali atomi, dai quali ha origine o viene costituito un mondo, né da uno solo né da un numero finito di mondi [...]; di modo che niente si oppone a che i mondi siano infiniti."

e forse potremo dimostrare che Giordano Bruno aveva ragione quando scriveva

> "Un infinito campo e spazio il qual comprende e penetra il tutto ... In cui altri abitanti si muovono, vivono, vegetano e pongono in effetto gli atti de le loro vicissitudini."

Quello che potremo scoprire non solo cambierà la visione del nostro essere nell'Universo, ma anche il modo in cui ci consideriamo.

12

Non siamo soli

Nonostante decenni di studi, non abbiamo evidenze dell'esistenza di vita nel sistema solare, o sui pianeti extrasolari. La situazione potrebbe cambiare nel prossimo decennio con le osservazioni del telescopio James Webb, o della missione *ARIEL* (*Atmospheric Remote-Sensing Infrared Exoplanet Large-survey*) il progetto di un telescopio spaziale per lo studio di pianeti extrasolari, con le loro condizioni fisiche e composizioni chimiche, che dovrebbe essere lanciata nel 2029. Sarà molto improbabile che novità arrivino dai progetti SETI, OSETI, e METI, per tutte le ragioni discusse nel capitolo precedente. Quindi la domanda: siamo soli rimane tutt'ora in piedi? Ovviamente si, ma ci sono degli studi che hanno dato una risposta probabilistica alla domanda cercando di superare i limiti sulle conoscenze dei parametri dell'equazione di Drake. Tornando all'equazione di Drake abbiamo tre parametri astrofisici oggi abbastanza ben misurati (R^* f_p n_e). I fattori f_l, f_i, ed f_c che hanno a che fare con la nascita della vita, dell'intelligenza e della tecnologia non sono noti, come la durata della civiltà, il fattore L. Nel 2016, Adam Frank e Woodruff Sullivan pubblicarono un articolo su Astrobiology, rivedendo l'equazione di Drake alla luce delle scoperte di Kepler. I due scienziati hanno riformulato la domanda di partenza, in modo tale da non essere interessati alla durata media di una civiltà, il fattore L, o se questa civiltà esista ancora in modo da poterne ricevere i possibili messaggi inviati. Questa loro scelta discosta il loro studio dalla formulazione dell'equazione di Drake che si propone di calcolare il numero di specie tecnologiche esistenti. La domanda che ci si pone è quindi: quali sono le probabilità che la nostra sia l'unica civiltà tecnologicamente avanzata mai esistita? Questo cambio di prospettiva riduce i termini di incertezza presenti nell'equazione di Drake. Ora come già detto, i 3 parametri astrofisici sono ben stimati, nell'equazione rimangono i tre termini f_l, f_i, ed f_c. Eliminando il fattore L, e tenendo conto di tutto l'Universo, non solo la nostra galassia, l'equazione di Drake si trasforma nel prodotto dei fattori $N = (N_* f_p n_e)(f_l f_i f_c) = N_{astrofisica} f_{bt}$. In altri termini il numero di civiltà esistite in una qualsiasi epoca nell'Universo sono dati dal prodotto dei fattori astrofisici, $N_{astrofisica}$, con N_* il numero totale di stelle nell'Universo che è dell'ordine di 2×10^{22}, f_p circa 1 ed n_e circa 0,2, come nel Cap. 10, e da f_{bt} che raccoglie i fattori relativi alla nascita della vita, dell'intelligenza e della tecnologia. I due hanno lavorato in termini statistici ed hanno stimato il limite inferiore della probabilità che si siano evolute una o più civiltà tecnologiche in qualche posto e tempo nell'Universo osservabile. In termini di probabilità, se N fosse uguale a 0,01, questo significherebbe che se la storia dell'Universo fosse ripetuta 100 volte apparirebbe solo una civiltà tecnologica. L'importante risultato che hanno ottenuto è che a meno che le probabilità che si sia sviluppata una civiltà aliena su un pianeta abitabile non siano inferiori a uno su un milione di miliardi di miliardi, 10^{-24} (ossia 0,000000000000000000000001), che è un numero veramente piccolo, gli umani non sono la prima forma di vita tecnologicamente evoluta ad aver abitato l'Universo osservabile. Ripetendo i calcoli per una galassia come la nostra si ottiene che la probabilità è pari a $1,7 \times 10^{-11}$, ossia siamo sicuri che una specie tecnologica si è sviluppata nella storia della nostra galassia se la probabilità che appaia una specie tecnologica su un pianeta abitabile è maggiore di 1 su 60 miliardi. In passato usando l'equazione di Drake, sono state formulate ipotesi più o meno pessimistiche sulla formazione di civiltà su altri pianeti. Una delle più negative di tutte sostiene che la probabilità che si formi una civiltà sono di 1 su 10 miliardi per ogni pianeta. Tenendo conto di questa stima pessimistica e del risultato di Frank e Woodruff per l'intero Universo, nella storia dell'Universo sarebbero esistite trilioni di civiltà tecnologiche. Ovviamente lo studio non si riferisce al solo passato ma vale per epoche future, e quindi ci dobbiamo aspettare che sono esistite civiltà prima di noi e ne esisteranno dopo di noi. Prima di Frank e Woodruff, Amir D. Aczel, alcuni anni dopo la scoperta del primo pianeta extrasolare, pubblicò un libro *Probability 1*, nel quale calcolava la probabilità di esistenza di un pianeta con la vita nell'Universo usando la statistica. A differenza di Frank e Woodruff, Aczel voleva rispondere alla domanda: siamo soli? non se in tutta la storia dell'Universo siano esistite civiltà. Assunse nell'equazione di Drake $f_p = 0,5$, oggi sappiamo che è circa 1, e suppose che nei pianeti extrasolari allora noti (solo 9) ce ne fosse almeno uno nella zona abitabile. Assunse che la probabilità che abbia origine la vita sia molto bassa: 1 su 10^{12}, che il numero delle stelle nella nostra galassia sia 300 miliardi, che esistano 100 miliardi di galassie, e che il numero di stelle nell'universo sia dell'ordine di 3×10^{22} ed usò una regola elementare di statistica, quella dell'unione di elementi indipendenti, per trovare la probabilità della vita intorno ad una stella nell'Universo, trovando che la probabilità è $P = 1 - (0{,}999999999999995)^{30\,000\,000\,000\,000\,000\,000\,000}$, ossia una probabilità indistinguibile da 1, in altre parole il 100%. Si arriverebbe allo stesso risultato anche se nella nostra galassia ci fossero 10 miliardi di stelle ed esistessero un miliardo di galassie. Anche se la probabilità su un singolo pianeta è bassissima, la probabilità composta che la vita esista su almeno un pianeta aumenta costantemente a causa del gran numero di stelle e di pianeti. Un'altra cosa da aggiungere è che oggi sappiamo che il nostro Universo ha una geometria piatta, e che quindi potrebbe essere infinito e ciò aumenta ancora la probabilità. Nel 2020, un altro studio statistico di Amedeo Balbi e Claudio Grimaldi, valuta l'impatto di una scoperta di vita in un singolo pianeta sul numero di pianeti sui quali c'è vita. Secondo lo studio se si trovasse un pianeta con la vita, nella nostra galassia ce ne dovrebbero essere almeno 100 000. Il 14 febbraio 2025, uno studio innovativo ha suggerito che la vita potrebbe essere un risultato comune sui pianeti, piuttosto che un evento raro. Come afferma uno dei coautori, Jason Wright, "Questa nuova prospettiva suggerisce che l'emergere della vita intelligente potrebbe non essere un caso, dopo tutto. Invece di una serie di eventi improbabili, l'evoluzione potrebbe essere più un processo prevedibile, che si svolge quando le condizioni globali lo consentono". Per avere una conferma diretta di questi studi bisogna aspettare i prossimi decenni per studiare le atmosfere dei pianeti extrasolari abitabili. Questi studi potrebbero darci anche numeri più precisi usando ad esempio l'equazione di Seager. Come abbiamo visto, uno dei modi per superare i problemi dei parametri dell'equazione di Drake è l'equazione introdotta da Sara Seager. In quel caso bisogna conoscere il numero di pianeti con segni di vita rivelabili, bisogna conoscere il numero di stelle osservate, il numero di stelle stabili, la frazione di stelle con pianeti rocciosi nella zona abitabile, la frazione di quei pianeti che può essere osservata, la frazione con la presenza di vita, e la frazione sui quali la vita produce biofirme gassose rivelabili. L'equazione di Drake è stata rivista per concentrarsi semplicemente sulla presenza di qualsiasi forma di vita aliena rilevabile dalla Terra. L'equazione si concentra sulla ricerca di pianeti con gas biofirma, gas prodotti dalla vita che possono accumularsi nell'atmosfera di un pianeta a livelli che possono essere rilevati con telescopi spaziali remoti, invece di alieni dotati di tecnologia radio. In altri termini questa equazione con l'osservazione di potenti telescopi spaziali permettono di rivelare se su un pianeta esiste la vita. Riassumendo, rispetto ai tempi in cui Drake iniziò i suoi studi, oggi abbiamo tante altre informazioni sui parametri astrofisici che servono a dare la risposta alla domanda se nell'Universo c'è o c'è stata vita. Usando queste nuove conoscenze e la statistica possiamo dare una risposta alla nostra domanda e sembra proprio che nella storia dell'Universo ci siano state civiltà. Risposte alla nostra domanda usando metodi come il SETI, forse non ci saranno mai, ma fra un decennio o due con lo studio delle atmosfere dei pianeti extrasolari abitabili vicini, potremo dire con certezza se su di essi c'è la vita. Quindi la risposta alla domanda: ci sono state e ci saranno civiltà nel nostro Universo? è quasi sicuramente positiva. È però molto probabile che non avremo ne contatti diretti come nel film *Contact* o *Incontri ravvicinati del terzo tipo*, e neanche contatti indiretti con scambi di segnali elettromagnetici.

13

Epilogo

Parecchi decenni fa, quando guardavo il cielo e sognavo di potermi muovere nell'Universo, ero guidato dalla fantasia e vedevo un futuro simile a quello che mostrano film come *Star Trek*: viaggi interstellari o intergalattici a velocità molto più grandi di quella della luce. In questi decenni tutto questo non si è avverato, ma dal punto scientifico molto è cambiato. Sappiamo molto di più del nostro Universo, dei pianeti che lo popolano, dei quali allora non si sapeva neanche se esistessero. Abbiamo trovato pianeti intorno a stelle simili al nostro Sole, ma principalmente pianeti intorno a nane rosse, che sono di gran lunga le stelle più numerose. I circa 5000 pianeti scoperti sono solo una manciata di oggetti, la cui scoperta ci ha fatto capire che i pianeti non sono oggetti rari nello spazio, ma oggetti comuni, e che ogni stella ha i suoi pianeti. L'universo pullula di pianeti. Solo nella nostra galassia ce ne sono centinaia di miliardi e come abbiamo visto se ne stimano 6 miliardi simili alla Terra che ruotano intorno a stelle simili al Sole. Se passiamo alle nane rosse, metà di questa popolazione di stelle dovrebbe avere un pianeta terrestre abitabile, ed una media di un pianeta terrestre abitabile ogni 5–6 anni luce. Non è un caso che la stella a noi più vicina, Proxima Centauri, abbia un pianeta abitabile, Proxima Centauri b. Con i miliardi di pianeti di tipo terrestre che esistono, per questioni statistiche fra di essi ce ne devono essere molti in zona abitabile. Cosa dire della vita nell'Universo? Se le cose vanno come nel caso della Terra, sulla quale la vita comparve alcune centinaia di milioni di anni dopo la sua formazione, essa debba essere presente in molti pianeti abitabili della nostra galassia e dell'Universo. Probabilmente non sarà la vita che vorremmo trovare, gli strani umanoidi di *Guerre Stellari* o film simili, saranno batteri o chissà cos'altro, ma trattasi sempre di vita. La cosa più interessante è che se avessimo visitato il nostro pianeta alcuni miliardi di anni fa, non ci avremmo trovato mucche, cavalli, o uomini, ma semplici batteri e quella semplice vita si è evoluta nel corso di miliardi di anni fino ad originare forme sempre più complesse e più intelligenti. Perché questo non potrebbe succedere su altri pianeti abitabili, specialmente quelli che ruotano intorno a nane arancioni che possono avere una vita tra 20 e 40 miliardi di anni invece dei 10 miliardi del nostro Sole? Come abbiamo visto, partendo da studi statistici basati sulle conoscenze dei parametri astrofisici dei pianeti extrasolari si è arrivato a concludere che nella vita dell'Universo, fino ad oggi sono esistite civiltà tecnologiche. Dalle conoscenze che abbiamo acquisito, è più facile dire che non siamo soli che il contrario. Questa quasi sicurezza si scontra con il *grande silenzio* che ci è stato restituito da decenni di ricerche con le onde elettromagnetiche di segnali da civiltà evolute. L'idea di Fermi insita nel suo paradosso che non esistano forme di vita intelligenti extraterrestri non può più essere accettata a cuor leggero come negli anni '50, così anche come l'ipotesi della *Terra Rara*. La non ricezione di segnali da civiltà extraterrestri può essere dovuta a tanti motivi, in primo luogo all'enormità dello spazio e alla non conoscenza del luogo dove queste civiltà possano trovarsi, o alla durata di queste civiltà. D'altra parte se qualcuno avesse provato a contattarci inviandoci dei segnali elettromagnetici negli ultimi circa 4,5 miliardi di anni, non ci avrebbe certo trovati. Inviamo e riceviamo segnali solo da cento anni. Quindi oltre all'enormità dello spazio fra le stelle che rende difficile il contatto bisogna aggiungere il fattore tempo. Le civiltà extraterrestri potrebbero non essere interessate a comunicare oppure potrebbero usare altre tecnologie. Un'altra cosa da aggiungere è che parliamo di vita ma non solo non siamo riusciti a trovare i meccanismi con i quali è nata sulla Terra, ma abbiamo anche difficoltà a definirla. Anche se non abbiamo una buona definizione di vita, molto probabilmente nel prossimo decennio, lo studio delle atmosfere dei pianeti abitabili con i telescopi spaziali che abbiamo e quelli che a avremo ci permetteranno di identificare pianeti nei quali la vita rilascia gas testimoni della sua esistenza. Vita primitiva, come quella che esisteva sulla Terra tanto tempo fa, che ha cambiato la Terra è l'ha trasformata in Gaia, una sorta di super-organismo capace di autoregolarsi e generare le condizioni idonee allo sviluppo della vita, proprio grazie all'attività dei viventi stessi. Anche questa scoperta comunque ci porterebbe ad un vero e proprio cambio di paradigma e ci farebbe capire che neanche in questo siamo unici nell'Universo. Come diceva Arthur C. Clarke: *esistono due possibilità. Siamo soli nell'Universo o non lo siamo. Entrambe sono sconvolgenti.* Io sono comunque convinto che se la vita è riuscita a farsi strada su un pianeta come la Terra, ad estinguersi e rinascere, ad evolversi e raggiungere l'autocoscienza, non c'è motivo perché questo non sia successo, non succeda e non succederà in altri luoghi dell'Universo.

Appendice 1: DNA e sintesi delle proteine

La struttura del DNA fu scoperta da Watson e Crick. La struttura del DNA è a doppia elica. Ciascun filamento è costituito da unità ripetitive, detti *nucleotidi*, costituite da uno zucchero (il desossiribosio), uno o più gruppi fosfati ed una *base azotata*. Ci sono quattro basi azotate. Due delle basi azotate sono degli anelli esagonali di carbonio e azoto a cui si legano atomi di idrogeno. Esse sono dette *pirimidine* e sono la timina (T) e la citosina (C). Le altre due sostanze sono formate da due anelli di carbonio e azoto saldati insieme. Queste sostanze sono dette *purine*, e prendono il nome di Adenina (A) e Guanina (G). Come già detto, queste quattro molecole, A, G, T e C, sono note anche come *basi azotate*. Il codice genetico dell'individuo è scritto nel DNA mediante una combinazione di queste quattro molecole. Il problema è capire come queste molecole erano legate alla struttura del DNA e quale combinazione costituiva il linguaggio. Le molecole A, G, T e C sono connesse a coppie tra di loro e ai filamenti del DNA. I quattro elementi su cui si basa l'informazione genetica sono proprio le basi azotate, le molecole A, G, T e C. Queste si collegano tra di loro in maniera precisa. L'adenina, A, connessa ad uno dei due filamenti si lega solo alla timina, T, connessa all'altro filamento. Le due coppie di basi sono unite da due legami ad idrogeno. Lo stesso accade per la citosina (C) e la guanina (G). La struttura completa del DNA è simile ad una scala a chiocciola in cui i montanti sono i filamenti del DNA ed i pioli sono le coppie di basi azotate. Le basi sono separate da una distanza di 3,3 angstrom (1 angstrom è uguale a 0,00000001 cm) e la doppia elica ha un diametro di 20 angstrom. In questa struttura microscopica sono contenute tutte le informazioni di un essere vivente. Le basi sono abbinate secondo una regola precisa. Nel caso del DNA, come già detto, A è abbinata a T e C a G. Quindi se un filamento della doppia elica comincia con AGGTCCGTAATG..., l'altro sarà TCCAGGCATTAC.

Ossia conoscendo un filamento se ne può dedurre l'altro. La sequenza di basi reca un messaggio con questo alfabeto di quattro lettere che trasmette le informazioni per una proteina. Un aminoacido è codificato da un gruppo di tre nucleotidi, che prende il nome di *codone*. I *geni* sono sequenze di nucleotidi che contengono l'informazione completa per una certa proprietà. Il genoma[1] umano si stima sia costituito da circa 50 000 geni, ed è lungo 3,5 miliardi di "lettere" e contiene 3 miliardi di bit di informazione. I geni sono contenuti nei *cromosomi*[2], che sono contenuti nel *nucleo* della cellula. Nel DNA la sequenza delle basi è codificata in sequenze di parole di tre lettere (ad esempio, G-G-T, A-G-A, ...). Visto che ci sono quattro nucleotidi ci sono 4^3 possibili triplette disponibili per codificare i 20 aminoacidi usati per la costruzione delle proteine. I geni determinano in gran parte come siamo fatti: la statura, il nostro peso, il nostro aspetto, la nostra intelligenza, ecc. Dopo la scoperta del DNA si pose il problema di come esso trasmetta le sue caratteristiche da una generazione all'altra, ossia come si replichi e come generi le proteine. Il processo è complesso, e tralasciando i dettagli possiamo riassumerlo così. Inizialmente il DNA si distende nella sua lunghezza ed i legami che tengono uniti i due filamenti cominciano ad aprirsi come una cerniera. A questo punto entra in gioco un altro acido nucleico simile al DNA, l'RNA. Quest'ultimo è costituito da un solo filamento, non da due come il DNA, inoltre l'RNA ha lo zucchero ribosio invece del desossiribosio del DNA ed al posto della base T del DNA ha la base uracile (U). L'informazione del DNA viene trascritta su un filamento di RNA, l'*RNA messaggero* (mRNA). Esso attraversa il nucleo della cellula e si sposta nel citoplasma. All'interno della cellula sono presenti degli organelli detti *ribosomi* (Fig. A.1) costituiti anche da un altro RNA, detto *RNA ribosomiale* (rRNA). Come già detto l'RNA messaggero (mRNA) contiene le informazioni che vengono tradotte nel ribosoma. Il filamento di mRNA può essere pensato come un nastro magnetico mentre il ribosoma come una sorta di macchina che costruisce una proteina dalle informazioni sul nastro (mRNA). A tal fine il ribosoma si muove lungo il filamento di mRNA ed al passaggio "legge" le informazioni contenute sul nastro (mRNA).

Nel passaggio vengono letti i codoni nell'ordine in cui compaiono sull'mRNA. Quindi il ribosoma trova gli amminoacidi corrispondenti ai codoni, amminoacidi che si trovano nei pressi del ribosoma. Essi sono attaccati me-

---

[1] Il genoma può essere paragonato al software di un computer e i singoli geni alle istruzioni per far funzionare la macchina (l'organismo), ma che servono anche per costruirla. In altri termini il genoma è una sorta di manuale di istruzioni che dirige prima lo sviluppo del nostro organismo (embrione-feto-neonato) e poi il funzionamento dell'organismo stesso.
[2] Durante il processo riproduttivo della cellula ciascuna unità di DNA, dopo essersi duplicata, si compatta in una struttura che prende il nome di *cromosoma* e viene trasmessa alle cellule figlie.

Appendice 1: DNA e sintesi delle proteine

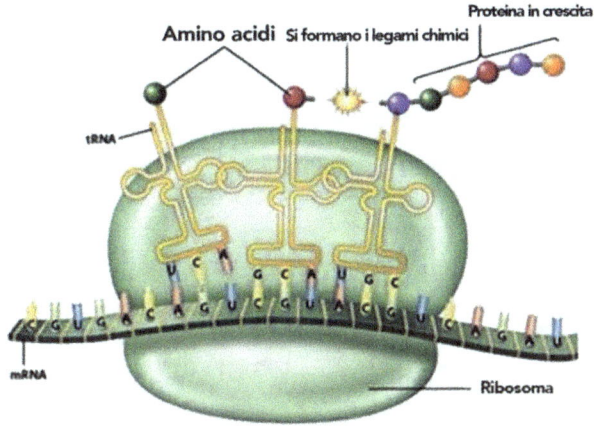

Figura A.1 Ribosoma e traduzione dell'RNA messaggero in proteine

diante particolari legami ad un altro RNA, detto *RNA di trasporto* (tRNA[3]), molecole che hanno la forma di croci. Dopo che il ribosoma ha letto un particolare codone, va alla ricerca dell'anticodone[4] corrispondente, lo aggancia e rimuove l'aminoacido che vi è attaccato. Il ribosoma unisce tale amminoacido con gli altri già messi insieme dando origine alla proteina.

In breve, lungo uno dei filamenti del DNA viene sintetizzato un nuovo filamento e lo stesso accade all'altro filamento. I due nuovi filamenti, copiati dal DNA originario, si riuniscono a formare una nuova molecola di DNA. Nella costruzione di questo nuovo DNA vengono seguite le regole relative alle basi azotate: A si attacca a T e viceversa e G si attacca a C e viceversa. In questa maniera la struttura della molecola madre del DNA si conserva nelle molecole figlia. Per precisione, ricordiamo che DNA e RNA non sono presenti solo nel nucleo della cellula. I batteri hanno un DNA che si trova direttamente nel citoplasma senza nucleo, oltre a piccoli filamenti circolari di DNA chiamati *plasmidi*. Il DNA e l'RNA formano la struttura di virus, *virusoidi* (virus di virus) e *viroidi*, forme ancora più basilari di strutture basate sugli acidi nucleici. Sebbene i virus non siano considerati forme di vita, poiché non possono riprodursi da soli e non hanno un proprio metabolismo, i viroidi sono in grado di riprodursi da soli.

---

[3] L'RNA di trasporto (tRNA) collega e mette in relazione l'informazione contenuta in 3 nucleotidi (detti codoni) dell'mRNA con gli aminoacidi delle proteine. Il tRNA legge i codoni e fornisce gli aminoacidi corrispondenti a quelle lettere.
[4] L'anticodone è la tripletta di *basi* presente nell'RNA di trasporto (tRNA) con cui avviene il riconoscimento della tripletta delle *basi* del codone presente nell'RNA messaggero (mRNA). Se il codone è costituito dalle basi AAC l'anticodone è UUG. Si ricordi che G si accoppia solo con C ed A solo con U.

Appendice 2: La nascita della vita sulla terra

Dal brodo primordiale all'RNA

Anche supponendo che i processi chimici sulla Terra o nello spazio potessero generare amminoacidi, zuccheri, *nucleotidi*, ecc., da queste sostanze alla formazione della vita e del cosiddetto LUCA c'è molta strada da fare. Per il funzionamento dell'organismo ancestrale serve un metabolismo, ossia la capacità di estrarre energia dal mezzo circostante e usarla per mantenersi in vita. Il metabolismo è basato su proteine fondamentali nel processo vitale, gli *enzimi*. Un enzima è una proteina che riesce a catalizzare ossia accelerare la velocità delle reazioni biologiche in un organismo. Tali enzimi vengono sintetizzati a partire dall'informazione presente negli acidi nucleici. Sfortunatamente, perché gli acidi nucleici si duplichino ed esprimano le informazioni, sono necessari gli enzimi. Ci troviamo davanti al problema dell'uovo e della gallina nel campo dell'origine della vita: *gli enzimi sono prodotti dagli acidi nucleici, ma perché questi ultimi si duplichino servono gli enzimi.* Sarebbe necessario che le componenti della vita si formino tutte insieme e collaborino a generarla. Come si può risolvere questo problema?

Leslie Orgel si propose di semplificare il problema e suggerì che la vita primordiale non avesse proteine o DNA. Il motore della vita era composto quasi interamente da RNA. Perché questo funzionasse, le molecole primordiali di RNA dovevano essere molto versatili, e per prima cosa dovevano essere capaci di costruire copie di se stesse. L'idea che la vita fosse iniziata a partire dall'RNA si mostrò essere molto influente. L'RNA può fare qualcosa che il DNA, struttura rigida a doppio filamento (doppia elica) non può. Essendo una molecola a filamento singolo l'RNA potrebbe piegarsi in una varietà di forme, e tali piegature sembravano simili al modo in cui si comportano le proteine che sono lunghi filamenti di aminoacidi, invece che di nucleotidi. Nella mente di Orgel si fece avanti un sospetto. Se l'RNA si potesse piegare come una proteina forse potrebbe formare enzimi. Se ciò fosse vero l'RNA sarebbe capace di immagazzinare informazioni e allo stesso tempo catalizzare le reazioni, come fanno gli enzimi.

Nel 1982, Thomas Cech e nel 1983 Sidney Altman mostrarono che queste idee avevano senso, mostrando che alcuni RNA hanno delle capacità catalitiche (come gli enzimi) e che essi possono funzionare come enzimi. Ora l'idea che la vita fosse iniziata con l'RNA sembrava promettente. Tali RNA con proprietà enzimatiche prendono il nome di *ribozimi*. In altri termini un *ribozima* è una molecola di RNA capace di accelerare una reazione chimica, similmente agli enzimi. La scoperta ha grosse implicazioni per il nostro discorso della formazione della vita. Infatti non è più necessario che le proteine e gli acidi nucleici che le codificano si siano formati contemporaneamente. Questo porta all'idea del cosiddetto *mondo a RNA*, termine coniato da Walter Gilbert. Secondo Gilbert, il primo stadio dell'evoluzione consisteva in "*molecole di RNA che svolgono le attività catalitiche necessarie per assemblare se stesse da una zuppa di nucleotidi*".

In tale mondo gli RNA sarebbero capaci di fare le cose importanti alla formazione della vita, ossia portare l'informazione genetica e funzionare come catalizzatori delle reazioni chimiche.

Il mondo a RNA è un modo elegante di riprodurre la complessità della vita a partire da zero. Invece di far affidamento sulla formazione simultanea di un gran numero di molecole biologiche dalla zuppa primordiale, una sorta di "molecola tuttofare" potrebbe fare il lavoro di tutte loro. Il mondo a RNA è oggi accettato poiché sono stati trovati indizi a suo favore. Il più importante è che, come abbiamo visto nel Cap. 2, che la reazione chiave della produzione delle proteine, basata sull'unione degli aminoacidi che le costituiscono, viene catalizzata da un RNA detto *RNA ribosomiale* (rRNA). Nel 2000, il team di Thomas Steitz ha prodotto un'immagine dettagliata della struttura del ribosoma, che mostrava che l'RNA è il nucleo catalitico di tale molecola. Quindi la scoperta delle capacità enzimatiche degli RNA implica che il mondo a RNA avesse un metabolismo complesso. Gli organismi di questo mondo sarebbero sottoposti all'evoluzione mediante selezione naturale. Sebbene l'esistenza di organismi capaci di evolversi sia confermata, rimangono dei punti aperti, quali il problema dell'invenzione del codice genetico e della sintesi delle proteine. Inoltre, gli esperimenti sono molto lontani dal produrre RNA. Rimane il problema di come esso si sia potuto formare sulla Terra primordiale. Gerald F. Joyce e Leslie Orgel hanno sostenuto che la comparsa spontanea delle catene di RNA sulla Terra primordiale "*sarebbe stata quasi un miracolo*".

Appendice 2: La nascita della vita sulla terra

Prima di parlare di questo aspetto vorremmo ricordare che l'idea di Orgel ed il mondo a RNA si basavano sull'idea che un aspetto fondamentale della vita è la sua capacità di riprodursi. L'idea metteva in primo piano la riproduzione. In verità, altri aspetti sono essenziali per la vita, quali il *metabolismo*. Per parecchi biologi, la caratteristica distintiva della vita è il metabolismo e al secondo posto viene la riproduzione. Questo sembra abbastanza ovvio, perché prima di riprodursi bisogna riuscire a tenersi in vita. Negli anni '60 del secolo scorso gli scienziati che studiavano l'origine della vita si divisero in due campi: quelli che polarizzavano la ricerca sulla genetica e la riproduzione e quelli che mettevano al centro il metabolismo. Un terzo gruppo sosteneva che la prima cosa ad apparire è stato un contenitore per le molecole chiave, la *cellularità* o *compartimentazione*. La *compartimentazione* per questi ricercatori è venuta prima. In altri termini deve esistere una cellula. È necessario che il materiale vitale fosse racchiuso da una membrana di grassi e lipidi. Esistono quindi tre diversi gruppi di ricerca basate sulle differenti idee enumerate: riproduzione (mondo a RNA), metabolismo, e cellula.

Tornando al problema della generazione dell'RNA, la scoperta dell'RNA catalitico portò all'idea che esso renderebbe conto di almeno due degli aspetti fondamentali alla vita: l'aspetto genetico ed il metabolismo. Rimane il problema di spiegare come l'RNA apparve. Come abbiamo già detto Orò mostrò che le basi nucleotidiche (A, G, ...) possono essere ottenute in particolari reazioni, ma resta il problema complesso di come generare un *nucleotide* dell'RNA (detto *ribonucleotide*) collegando ogni base con lo zucchero (che come detto nel Cap. 2 è il ribosio) che costituisce l'RNA, e questo con un gruppo fosfato. Lo zucchero (ribosio) si forma negli esperimenti, la fonte di fosfato potrebbero essere i polifosfati presenti nelle emissioni vulcaniche o i fosfati meteorici. Nonostante gli svariati tentativi di ottenere le unioni necessarie non si è riusciti ad effettuarle. L'altro problema è che anche riuscendo a costruire i nucleotidi, bisogna poi legandoli formare delle catene, dei polimeri. Inoltre a parte il problema della sintesi dell'RNA, la sua esistenza non assicura l'esistenza di un mondo a RNA, poiché esso deve potersi replicare. Ci sono stati diversi tentativi di replicare l'RNA in assenza di enzimi usando due strade: senza usare attività enzimatica o usando quella dell'RNA. Nel primo caso si parte da alcuni RNA e nucleotidi. Il chimico britannico Leslie Orgel tentò questa strada per molti anni senza successo. Altri ricercatori ne continuarono l'opera usando catene di alcune decine di nucleotidi. Jack Szostak e Gerald Joyce sono due di quelli che tentarono la seconda strada: utilizzare le attività enzimatiche degli RNA. Nel 2014 si parlò di un *super replicatore* molto efficiente in vitro, ma il cui funzionamento è improbabile nella Terra primordiale. Diversi ricercatori hanno continuato a cercare un modo di replicare l'RNA. Nonostante tutti i tentativi non si è arrivati a risolvere il problema. La mancanza di un RNA autoreplicante è un problema fatale per l'idea del mondo a RNA. L'RNA non sembra essere in grado di dar via alla vita.

Quando si dava per scontato che fosse impossibile arrivare dal brodo primordiale all'RNA delle ricerche di John Sutherland hanno cambiato tutto. Invece di cercare di formare prima lo zucchero (il ribosio), il fosfato e la base per poi unirli, usò derivati del cianuro e aldeidi in presenza di fosfato ottenendo nucleotidi di citosina (C) e uracile (U). Le ricerche continuarono fino a mostrare che l'acido cianidrico insieme al solfuro di idrogeno, la luce ultravioletta e gli ioni di rame danno luogo a precursori di nucleotidi, lipidi e 11 aminoacidi. Queste scoperte hanno portato più vicini alla soluzione del problema dell'uovo e della gallina citato, dando l'idea che in qualche maniera uovo e gallina si potessero formare e che le tre caratteristiche essenziali di una cellula minima: informazione (genetica), metabolismo e cellularità potessero essere realizzate in maniera simultanea.

Partendo dal metabolismo

La teoria del mondo a RNA si basa sull'idea che la cosa più importante per un organismo è riprodursi. Ci sono però molti ricercatori che non credono che la riproduzione sia fondamentale. Prima di riprodursi, un organismo deve essere autosufficiente. Per mantenersi in vita è necessario assorbire una qualche forma di energia. Quindi parecchi ricercatori pensano che il punto di partenza sia il *metabolismo*. Come già detto, chiamiamo metabolismo la capacità di estrarre energia dal mezzo circostante e usarla per mantenersi in vita. Questo processo è così importante che molti ricercatori pensano che è la prima cosa che la vita abbia fatto. Esiste quindi una filiera della ricerca che si basa sull'idea che il metabolismo venga prima di tutto. Qual è l'aspetto degli organismi che hanno solo il metabolismo? Una delle idee più interessanti è quella di Günter Wächtershäuser della fine degli anni '80 del secolo scorso. Per Wächtershäuser i primi organismi erano completamente diversi da tutto ciò che conosciamo e non erano fatti di cellule, sarebbero stati *acellulari*, non avevano enzimi, DNA o RNA. Mancavano sia gli acidi nucleici sia le molecole portatrici di informazione. Comunque essi avrebbero avuto un certo metabolismo che si sviluppò in due dimensioni e non in tre, ed una capacità di evoluzione. Questi composti, come i prodotti terminali o intermedi del metabolismo avevano carica negativa, erano degli *anioni*. Wächtershäuser immaginò un flusso d'acqua calda, ricca di gas vulcanici come l'ammoniaca e tracce di minerali vulcanici, che scorreva da un vulcano. Le reazioni chimiche iniziarono a verificarsi dove l'acqua scorreva sulle rocce. Si crearono dei cicli metabolici, ossia processi in cui una sostanza chimica viene convertita in altre, finché la sostanza iniziale viene ricreata. Nel processo, il sistema assorbe energia utilizzata ad avviare il ciclo. Questi cicli metabolici non assomigliavano alla vita. Wächtershäuser parlava di *organismi precursori* che potevano a malapena essere chiamati viventi. Egli elaborò il suo modello negli anni '80–90 del secolo scorso, in maniera molto dettagliata, delineando quali minerali erano in gioco ed i cicli chimici che avevano luogo. Si trattava di una teoria che aveva bisogno di una scoperta che ne supportasse le idee. Tale scoperta era stata realizzata precedentemente nel 1977 da un team guidato da Jack Corliss usando un sommergibile nei pressi delle isole Galapagos. Corliss e collaboratori osservarono delle creste di roccia vulcanicamente attive che si sollevavano dal mare. Queste creste erano ricoperte da sorgenti termali. Queste aree erano popolate da una moltitudine di animali di diverso tipo. In altri termini lo scenario di questo modello e nel quale si formò la vita è quello delle fonti idrotermali sottomarine (camini idrotermali noti come *fumarole nere*) nei fondi degli oceani. Nel modello tutti i composti organici si formarono in situ. Ci troviamo davanti ad un metabolismo autosufficiente, detto *autotrofico*. Nell'ipotesi del brodo primordiale, al contrario, i primi esseri viventi erano *eterotrofi*, ossia si alimentavano di esso. L'energia e la "potenza riduttrice" necessarie per trasformare monossido ed anidride carbonica in materia organica sarebbe dovuta alla reazione di formazione della pirite, un composto di ferro e zolfo, a partire composti dello zolfo, del ferro e dell'idrogeno. La conferma di questa tesi arrivò sperimentalmente nel 1990. Dopo di questo, Wächtershäuser propose tutta una serie di reazioni che partivano con l'assimilazione di monossido di carbonio ed anidride carbonica per finire con la generazione di cellule. Inoltre i percorsi metabolici attuali sarebbero stati preceduti da una serie di reazioni non accelerate da enzimi. Il primo punto da spiegare è come viene incorporato il carbonio inorganico. Secondo l'autore ciò fu possibile grazie ad un processo auto-catalitico fissatore di anidride carbonica. Questo ciclo promuoverebbe il fissaggio di anidride carbonica in molecole organiche. Wächtershäuser chiamò la sua ipotesi *mondo del ferrozolfo*. Stanley Miller sostenne che i camini idrotermali erano troppo caldi, ed il calore avrebbe distrutto le sostanze chimiche prodotte, come ad esempio gli amminoacidi. Il geologo Mike Russel trovò negli anni '80 del secolo scorso prove fossili di camini termali con temperature inferiori a 150 °C. Inoltre i resti fossili di questi camini contenevano pirite, ed egli suggerì che le prime molecole organiche complesse si formarono all'interno delle strutture di pirite. Russel suggerì che i camini termali nel mare profondo, abbastanza tiepide da permettere la formazione di strutture di pirite, ospitassero gli organismi di Wächtershäuser. Secondo questa tesi la vita sarebbe iniziata in fondo al mare ed il metabolismo apparve per primo. Partendo da idee di Peter Mitchell, Russell concluse che il luogo ideale per la formazione della vita è un camino idrotermale con acqua alcalina. Quindi i camini di Corliss acidi, oltre ad essere troppo caldi, non avrebbero funzionato al proposito. I primi camini idrotermali alcalini furono scoperti da Deborah Kelley nell'atlantico in un luogo che fu detto Lost City. La temperatura dell'acqua è tra 40 °C e 75 °C e leggermente alcalina. Questi camini erano perfetti per le idee di Russell (che nel frattempo iniziò a collaborare col biologo William Martin), che si convinse che in realtà questi fossero i luoghi dove nacque la vita. Le rocce dei camini sono porose e formavano delle sorte di tasche contenenti fra le svariate sostanze chimiche la pirite. In combinazione col gradiente naturale protonico dalla presa d'aria, questi erano i luoghi ideali per l'inizio del metabolismo. Dopo che la vita aveva sfruttato l'energia chimica dell'acqua del camino, iniziava la produzione di molecole come l'RNA. Con la formazione della membrana si costituisce una vera cellula che poi va dalla roccia porosa al mare aperto.

I sostenitori del mondo a RNA hanno trovato due problemi in questa teoria. Il primo problema è che non ci sono prove sperimentali per i processi descritti da Russell e Martin. Si aspettano dei risultati da esperimenti di Nick Lane che spera di osservare i cicli metabolici e forse anche l'RNA. Il secondo problema è la localizzazione dei camini termali nel mare profondo ed il fatto che le molecole a catena lunga come l'RNA e le proteine non possono formarsi nell'acqua senza enzimi.

Nell'ultimo decennio è apparso un terzo approccio che promette un modo per creare un'intera cellula da zero.

Cellule dall'inizio

Nel mondo a RNA si rinunciava alle membrane nonostante sia chiaro che è poco verosimile che gli RNA si trovassero in soluzione senza protezione. Nell'ipotesi di Wächtershäuser le membrane anche se apparivano lo facevano tardi. I ricercatori hanno preso coscienza che è difficile immaginare delle forme di vita senza avere le membrane. È chiaro, nella biologia attuale, che metabolismo, genetica e cellularità sono strettamente legate. La cellularità dipende dalle membrane che non sono semplici barriere semipermeabili, ma hanno anche importanti capacità metaboliche e sono anche fondamentali per la generazione di energia. Date le difficoltà oggettive i ricercatori scelsero di tentare di ottenere le tre caratteristiche dette in maniera separata. Visto l'insuccesso dell'approccio, si arrivò alla nuova tendenza di tentare di ottenerle contemporaneamente, o almeno di ottenere due delle caratteristiche: la cellularità ed una seconda delle caratteristiche citate. Come già visto, Michael Russel sottolinea l'importanza delle membrane di ferro-zolfo che, secondo lui, formerebbero bolle e microcavità in fumarole delle profondità oceaniche. Abbiamo anche visto l'importanza delle membrane nell'energetica delle cellule. Nelle cellule attuali, le membrane sono costituite da lipidi e proteine. I lipidi sono l'elemento essenziale per chiudere le vescicole, perché sono molecole che hanno una parte polare ed una apolare. Le molecole possono associarsi tra loro ed auto-organizzarsi, attraverso le zone apolari, ponendo le zone polari nel mezzo acquoso che è apolare. Le membrane crescono e le vescicole si ingrossano e ad un certo punto si dividono in maniera spontanea. Oltre alla facilità di formazione e alla capacità di formare microambienti, le vescicole possono generare differenze di concentrazione di protoni tra due lati della membrana. Come mostrato da Deamer nel 2015, tramite cicli di assunzione e perdita di acqua, le vescicole lipidiche danno luogo alla formazione di catene di nucleotidi. Nella fase di assunzione di acqua gli RNA vengono inglobati nelle vescicole. I precedenti risultati hanno portato svariati ricercatori a proporre un *mondo dei lipidi* che precederebbe quello a RNA.

Jack Szostack si pose l'obiettivo di arrivare alla replicazione dell'RNA insieme alla crescita e riproduzione delle vescicole, ossia una cellula di RNA in grado di evolvere. Quest'ultima storia è legata ad una collaborazione tra Szostack ed il campione dell'idea della "compartimentazione prima", ossia Pier Luigi Luisi. Le idee di quest'ultimo possono fatte risalire a quelle dei coacervati di Oparin. La sfida di Luisi era quella di creare protocellule, ma nonostante gli svariati esperimenti egli non riuscì a creare nulla di veramente realistico e convincente. Nel 1994 suggerì che le prime protocellule dovessero contenere RNA, che doveva essere in grado di replicarsi dentro la protocellula. Questa idea guadagnò subito un sostenitore: Jack Szostak. Quest'ultimo, nel 2001, ottenne un grande successo. Aggiunse piccole quantità di una sorta di argilla nei suoi esperimenti e ciò accelerò di un fattore 100 la velocità di creazione delle vescicole. Inoltre quest'ultime assorbivano i filamenti di RNA dalla superficie dell'argilla. L'anno dopo il team di Szostak scoprì che le protocellule potevano crescere da sole. Era possibile che potessero anche riprodursi? Nel 2009, Szostak ed il suo studente Ting Zhu realizzarono protocellule con diverse pareti concentriche. Fornendo acidi grassi esse crescevano e prendevano una forma filiforme. Una leggera forza di taglio permetteva di frantumare la protocellula in dozzine di protocellule figlie che contenevano l'RNA della protocellula genitore. Rimaneva una cosa da fare: far replicare l'RNA. Orgel aveva trascorso gran parte degli anni '70 e '80 del secolo scorso a studiare come i filamenti di RNA venivano copiati. Per farlo bisogna usare un singolo filamento di RNA insieme a nucleotidi sciolti. I nucleotidi vengono usati per assemblare un secondo filamento di RNA, complementare al primo. Orgel scoprì che, in determinate circostanze, i filamenti di RNA potevano eseguire delle copie senza alcun aiuto da parte degli enzimi. Questo potrebbe essere stato il modo in cui la prima vita ha creato copie dei suoi geni. In uno studio del 2013, Orgel e una sua studentessa, Kataryna Adamala, riuscirono a realizzare la proposta di Luisi, eseguire la replicazione dell'RNA all'interno delle vescicole di acidi grassi. Il team di Szostak è riuscito a costruire delle protocellule che trattengono i loro geni e contemporaneamente assorbono molecole dall'esterno. Le protocellule possono crescere, dividersi e l'RNA può replicarsi all'interno. Questi risultati e quelli di Sutherland, già citati, fanno pensare ad un nuovo approccio unificato all'origine della vita, basato su tutte le tre funzioni, che più volte abbiamo indicato, possano essere realizzate contemporaneamente.

Appendice 3: Dettagli sui pianeti abitabili

Il pianeta scoperto finora con ESI più alto (0,95) è *Teegarden b* localizzato nella *zona abitabile conservativa*, ossia quella parte della zona abitabile dove le condizioni favorevoli rimangono tali per buona parte della vita. Intorno alla stella Teegarden ruota anche un altro pianeta con ESI più basso *Teegarden c*. Teegarden b è stato scoperto nel 2019 dopo 3 anni di ricerca col metodo delle velocità radiali, grazie allo spettrografo CARMENES in grado di trovare piccole variazioni nella velocità radiale anche nelle stelle di dimensioni ridotte. Senza uno strumento di alta precisione sarebbe stato difficile rilevarlo, a causa della posizione e scarsa luminosità della stella. Teegarden b è più interno del compagno ed ha un periodo orbitale di di 4,91 giorni e una composizione probabilmente simile alla Terra, e con presenza di acqua. Teegarden b riceve circa il 21% in più di radiazione rispetto a quella che la Terra riceve dal Sole. Gli scienziati del gruppo che hanno scoperto i due pianeti ritengono che abbia una temperatura in media probabilmente vicina a 28 °C. Il problema maggiore per l'abitabilità di questo pianeta è il fatto che la sua stella è una nana rossa e Teegarden b ci ruota molto vicino, in *rotazione sincrona*, ossia rivolgendo sempre lo stesso emisfero verso la stella madre. Inoltre le nane rosse sono soggette a violenti brillamenti, specialmente nella fase giovanile, ma avendo la stella una età di 8 miliardi di anni sembra essere abbastanza stabile. *Teegarden c* ha un ESI di 0,68 molto inferiore al pianeta compagno, ed è più simile a Marte, ma avendo una massa maggiore è probabilmente in grado di trattenere una densa atmosfera in grado di innalzare la temperatura per effetto serra, come avviene per la Terra che, nonostante una temperatura di equilibrio di −18 °C, ha una temperatura media in superficie di circa 16 °C. In ogni caso riceve solo il 35% della radiazione che la Terra riceve dal Sole, pertanto assumendo un'atmosfera simile a quella terrestre possiede una temperatura superficiale stimata in −47°

centigradi. Completa un'orbita attorno alla stella in 11,4 giorni. Un fattore positivo per l'abitabilità del pianeta è il fatto che la stella, Teegerden, una nana rossa, come già detto, è abbastanza stabile.

TOI 700 d con ESI 0,93 è stato scoperto dal telescopio spaziale TESS nel 2020 col metodo del transito insieme ad altri due pianeti (TOI 700 b e TOI 700 c) più vicini alla nana rossa TOI 700, nella *zona abitabile conservativa*, distante 101,5 anni luce da noi ha un ESI di 0,93. La massa è stimata essere tra 1,4 e 2 volte quella della Terra, si tratta quindi di un pianeta terrestre. Si trova ad una distanza di 0,163 unità astronomiche dalla stella e ruota intorno alla stella in 37 giorni. Il pianeta riceve l'86% della radiazione che riceve la Terra dal Sole, e ci dovrebbero essere le condizioni per sostenere acqua liquida sulla superficie, indispensabile per la presenza della vita così come noi la conosciamo. TOI 700 d ha lo steso problema di Teegarden b: essendo vicino alla stella ha una *rotazione sincrona* ossia mostra sempre la stessa faccia alla stella. Ovviamente quello che accade è che un emisfero è sempre illuminato e l'altro al buio. La stima della sua temperatura senza atmosfera è di $-4\,°C$, e a seconda della composizione atmosferica, la sua temperatura potrebbe essere nel range $-33-+77\,°C$, ossia una media di 22 °C.

Kepler-1649 c è un pianeta roccioso e simile alla Terra in termini di dimensioni, con raggio 1,06 volte quello della Terra. È localizzato nella *zona abitabile conservativa*. Fu scoperto con osservazioni tra il 2010 ed il 2013 dall'osservatorio Kepler e la scoperta fu annunciata nel 2017. Il pianeta orbita in 19,5 giorni intorno alla nana rossa Kepler-1649. Oltre Kepler-1649 c intorno alla stella ruota il pianeta Kepler-1649 b, simile a Venere. Kepler-1649 c riceve dalla stella il 75% di quella che la Terra riceve dal Sole. Si specula che la temperatura superficiale sia simile a quella terrestre ma non si sa se sul pianeta sia presente acqua liquida non essendo nota la composizione dell'atmosfera. Essendo la sua stella una nana rossa, i brillamenti tipici di queste stelle rosse potrebbero ostacolare pesantemente lo sviluppo della vita sul pianeta.

Intorno alla stella nana rossa *2MASS J23062928-0502285* a 40 anni luce dalla Terra nota anche come *Trappist-1* ruotano 7 pianeti nella *zona abitabile conservativa*. La stella è una nana rossa di età non nota. In alcuni lavori è stata stimata un'età intorno a 500 milioni di anni in altre un'età completamente differente. Nel primo caso questa sarebbe una brutta notizia per i pianeti della stella per l'esuberanza delle nane rosse. I telescopi spaziali Kepler e Spitzer hanno osservato possibili facule (punti luminosi sulla superficie), e queste sono correlate con i *brillamenti* delle sorte di eruzioni stellari. I brillamenti emettono una gran quantità di energia, centinaia di miliardi di volte maggiore alle più potenti bombe nucleari. Visto che i pianeti della stella orbitano a distanze 10, 100 volte inferiori a quelle Terra-Sole, potrebbero essere fortemente influenzati, e la vita potrebbe non formarsi su di essi. *TRAPPIST-1 b–c* sono stati osservati dal James Webb e hanno atmosfere inesistenti o talmente rarefatte da essere quasi inesistenti.

TRAPPIST-1 d ha un ESI di 0,91. Fu scoperto nel 2016 insieme ad altri due pianeti e nel 2017 furono scoperti gli altri 4 pianeti di TRAPPIST-1. È meno massiccio e un po' più piccolo della Terra, e si presume che sia di natura rocciosa. Assumendo che rifletta la luce come la Terra e trascurando l'eventuale effetto serra, è stata stimata una temperatura intorno ai 17 °C. Studi del 2018 hanno stimato una massa minore che al momento della scoperta, circa il 30% di quella terrestre, con un raggio del 77%, quindi una densità minore di quella terrestre, che potrebbe indicare la presenza di grosse quantità di acqua allo stato liquido sotto forma di oceani. Lo stesso studio suggerisce che il pianeta abbia una quantità relativa di acqua 250 volte quella della Terra. Per avere idee più chiare su questo pianeta bisogna aspettare che venga osservato dal telescopio James Webb. *TRAPPIST-1 e* è stato scoperto col metodo del transito ed annunciato nel 2017 è di tipo roccioso. È il quarto dei sette pianeti che orbitano intorno alla stella. È un pianeta extrasolare di dimensioni simili alla Terra. Ha un raggio di 0,92 raggi terrestri ed una massa pari a 0,69 masse terrestri. Il pianeta impiega appena 6,1 giorni per completare un'orbita attorno alla stessa e probabilmente (data la bassa eccentricità) è anche in orbita sincrona, ossia rivolge sempre la stessa faccia verso la stella. Questa caratteristica, secondo alcune ricerche, riduce, se non addirittura compromette del tutto l'abitabilità del pianeta. Tuttavia la presenza di una atmosfera sufficientemente densa permetterebbe il trasporto del calore in eccesso dalla faccia illuminata a quella al buio, consentendo la presenza di acqua liquida in superficie, in particolare nelle zone lungo i *terminatori* o *circoli di illuminazione*, che sarebbe la linea fittizia che delimita la parte illuminata dalla parte in ombra. Studi recenti hanno mostrato che in termini di dimensioni, composizione e flusso di radiazioni che riceve dalla stella sembra essere il pianeta di Trappist-1 più simile alla Terra. Una ricerca del 2020, però, suggerisce il contrario di quanto detto riguardo all'abitabilità. Secondo lo studio questo sarebbe il pianeta con maggiori probabilità di vita nel sistema di TRAPPIST-1. Lo studio stima che il pianeta potrebbe avere il 93% della superficie abitabile e che è quello con maggiori probabilità di avere una vegetazione che aumenterebbe ancor più l'area abitabile del pianeta, arrivando anche al 100% della superficie totale. La temperatura media globale infatti sarebbe compresa tra 14 e 25 °C, e la massima temperatura, nel lato diurno sarebbe di 47 °C e la minima nel lato notturno di 2 °C. Il pianeta insieme all'intero sistema planetario di TRAPPIST-1 sarà osservato dal telescopio spaziale James Webb che potrebbe dirimere i diversi punti di vista sul pianeta. *TRAPPIST-1 f* ha un'ESI di 0,68, annunciato nel 2017. Le dimensioni sono simili a quelle della Terra, raggio 1,05 quello terrestre, massa 0,93 quella terrestre, densità un po' più bassa di quella terrestre ed il periodo di rotazione di 9 giorni. Uno studio del 2020, indicherebbe che la temperatura superficiale sia di −70 °C il che implicherebbe l'assenza di acqua liquida in superficie. Il pianeta potrebbe essere dotato di un oceano sotterraneo ed è possibile che siano presenti fenomeni di crio-vulcanismo, ossia emissione di materiale freddo, mentre le forze di marea potrebbero riscaldare l'interno come in Encelado ed Europa. *TRAPPIST-1 g* ha un ESI pari a 0,58, annunciato nel 2017, è un pianeta roccioso. È il più grande dei sette pianeti di TRAPPIST-1, ha un periodo di rotazione di 12 giorni e si trova a circa 7 milioni di chilometri dalla stella. Riceve solo il 26% della radiazione che riceve la Terra dal Sole e la sua temperatura dovrebbe essere intorno ai −70 °C. Essendo più massiccio della Terra, è possibile che abbia mantenuto una densa atmosfera, che gli avrebbe permessi di creare un effetto serra sufficiente per riscaldare la superficie al punto di fusione dell'acqua.

LP 890-9 c ha un ESI pari a 0,89 ed è stato scoperto col metodo del transito nel 2022. Il pianeta ruota nella *zona abitabile conservativa* della nana rossa ultrafredda LP 890-9. Nel sistema di LP 809-9 c'è un altro pianeta LP 890-9 b. LP 890-9 c è una super-terra, è leggermente più grande della Terra, ha un raggio di 1,37 raggi terrestri ma la massa non è nota con precisione e dovrebbe essere inferiore a 25,3 masse terrestri. Orbita in un periodo di 8,45 giorni, a una distanza di soli 6 milioni di chilometri. La temperatura senza tenere conto dell'effetto serra è intorno a −1 °C, più alta di quella terrestre che è −18 °C e raggiunge i 15 °C tenendo conto dell'effetto serra. Vista la piccola distanza dalla stella il pianeta è certamente in rotazione sincrona e rivolge quindi lo stesso emisfero alla stella creando problemi all'abitabilità. La nana rossa LP 809–9 ha un'età di 7 miliardi di anni e quindi ci si aspetta che sia abbastanza stabile senza i brillamenti tipici delle nane rosse. Probabilmente il pianeta sarà osservato dal telescopio spaziale James Webb per studiarne l'atmosfera.

Proxima Centauri b (o più semplicemente *Proxima b*) ha un ESI pari a 0,87, orbita a 0,05 unità astronomiche (un ottavo circa della distanza che separa Mercurio dal Sole) dalla nana rossa Proxima Centauri distante 4,22 anni luce dalla Terra ed è la stella più vicina a noi. È localizzato nella *zona abitabile conservativa*. Ha una massa compresa tra 1,17 e 3 masse terrestri. La scoperta è stata annunciata nel 2016. Non è noto se si tratti di un pianeta roccioso e rimangono sconosciute composizione e condizioni atmosferiche, dal momento che non sono stati osservati suoi transiti. La sua massa fa pensare che possa trattarsi di un pianeta terrestre, nel caso il suo raggio sia attorno ai valori terrestri, mentre nel caso esso fosse di 1,4 raggi terrestri è probabile che sia completamente ricoperto da un unico oceano profondo 200 km. Il pianeta riceve il 65% del flusso luminoso totale che la Terra riceve dal Sole, ma nell'infrarosso, e solo il 2% della radiazione che la Terra riceve dal Sole nel visibile, e circa 400 volte il flusso di raggi X che la Terra riceve dal Sole. Non si sa se il pianeta mostri sempre la stessa faccia alla stella e mostri quindi una notevole differenza di temperatura tra i due emisferi o se si trovi in condizioni simili a quelle di Mercurio, con un'alternanza di giorno e notte e quindi un ambiente molto meno estremo e con temperature medie più simili a quelle terrestri ed avrebbe, in questo caso, acqua liquida sulla superficie. Non si hanno certezze sull'abitabilità, ma il fatto che la stella madre sia una nana rossa implica i soliti due problemi, rotazione sincrona e forti brillamenti. Perché si abbia una porzione abitabile è necessaria un'atmosfera spessa da garantire uno scambio termico tra le due zona notturna e quella diurna (in caso di rotazione sincrona). Uno studio del 2017 e studi successivi su super brillamenti osservati su Proxima b portano a pensare che il pianeta non sia il miglior candidato ove cercare forme di vita extraterrestre.

K2-72 e, è uno dei quattro pianeti scoperti in orbita nella *zona abitabile conservativa* attorno alla stella nana rossa K2-72, distante 228 anni luce da noi. La scoperta del pianeta è stata confermata nel 2016 grazie ai dati del telescopio spaziale Kepler. Il pianeta impiega poco più di 24 giorni a compiere una rivoluzione e la vicinanza con la stella fa anche sì che K2-72 e sia probabilmente in rotazione sincrona. Ciò fa sì che ci sia uno sbalzo termico di decine di gradi a seconda su quale faccia del pianeta ci si trovi. L'ESI è 0,87, ed è possibile che ci sia acqua liquida lungo le zone del terminatore.

Gliese 1002 b, (ESI 0,86) ruota nella *zona abitabile conservativa* intorno una nana rossa. Sebbene la temperatura non sia molto diversa da quella terrestre presenta i problemi tipici dei pianeti intorno alle nane rosse: rotazione sincrona, brillamenti della stella.

Intorno alla stella *Gliese 1061*, una nana rossa, ruotano 3 pianeti. Dei tre pianeti del sistema, *Gliese 1061 d*, nella *zona abitabile conservativa*, è quello con maggiori probabilità di avere acqua liquida in superficie.

Ross 128 b (ESI 0,86) è un esopianeta roccioso ed è stato scoperto nel 2017, ruotante attorno ad una nana rossa non molto attiva e particolarmente vicina alla Terra. Studi preliminari sembrano suggerire che il pianeta possa essere temperato (21 °C).

Gliese 273 b, (ESI 0,85) ruota intorno ad una nana rossa, nella *zona abitabile conservativa*. Se avesse un'atmosfera simile a quella terrestre, il pianeta avrebbe una temperatura superficiale media di circa 19 °C, molto simile alla temperatura media terrestre. Se non si trovasse in rotazione sincrona, la distribuzione del calore sull'intera superficie planetaria sarebbe più efficiente, mentre la stabilità della sua stella potrebbe aver consentito alla sua atmosfera di mantenersi per miliardi anni, a differenza di altri pianeti in orbita attorno a stelle nane rosse, spesso soggette a violenti brillamenti in grado di spazzar via l'atmosfera e rendere un pianeta inabitabile.

Quelli di cui ho parlato sono solo alcuni dei pianeti abitabili, ma come si nota ruotano tutti intorno a nane rosse che se non abbastanza anziane sono stelle problematiche, ed inoltre di solito i pianeti sono in rotazione sincrona, la luce raggiunge sempre un emisfero. Esistono anche pianeti intorno a stelle come il Sole ossia nane gialle (classe G) o meglio nane arancioni (classe K)? Si, un esempio è *Kepler-452 b* scoperto nel 2015 grazie al telescopio spaziale Kepler. L'ESI è stato fissato 0,83. Il pianeta è il primo aventi dimensioni simili a quelle terrestri e che orbita nella zona abitabile di una stella molto simile al Sole. Ha un periodo di rivoluzione di 385 giorni, si è formato prima del nostro pianeta ed ha una massa di 5 masse terrestri. La NASA chiama il pianeta con l'appellativo "il cugino anziano della Terra". Se fosse un pianeta roccioso si tratterebbe di una super-terra e, considerata la sua massa, sarebbe geologicamente attivo con vulcani in eruzione e ricoperto, se visto dallo spazio, di una spessa coltre di nubi. Punti a svantaggio del pianeta sono l'età della stella che, irradiando presumibilmente circa il 10% di energia in più del Sole per via della sua evoluzione, potrebbe aver innescato un crescente effetto serra incontrollato simile a quello che nel sistema solare si può rilevare su Venere. Tuttavia, poiché il pianeta è più grande del 60% della Terra, è probabile che possa trattenere gli oceani per un periodo più lungo, impedendo a Kepler-452 b di sfuggire all'effetto serra per altri 500 milioni di anni. A causa degli effetti dell'attività vulcanica qualsiasi potenziale forma di vita sulla superficie potrebbe abitare il pianeta per altri 500–900 milioni di anni, prima che la zona abitabile si estenda oltre l'orbita di Kepler-452 b. I ricercatori dell'istituto SETI (Search for Extra-Terrestrial Intelligence) stanno usando un radiotelescopio in California, per cercare trasmissioni radio provenienti da Kepler-452 b.

Kepler-1638 b (ESI 0,76) orbita attorno a Kepler-1638, una stella simile al Sole per massa, temperatura, età, e metallicità. Il pianeta ha un periodo orbitale di 259 giorni, raggio 1,87 volte quello terrestre ed è probabilmente classificabile come super-Terra. Dovrebbe trovarsi all'interno della zona abitabile.

Kepler-442 b (ESI 0,84) è un pianeta di tipo terrestre che orbita intorno alla *zona abitabile conservativa* della nana arancione Kepler-442, un stella di tipo K. Le nane arancioni rimangono stabili per molto più tempo rispetto alle nane gialle come il Sole, per questo vengono spesso indicate come le migliori candidate attorno alle quali potrebbero esistere pianeti abitabili. Il pianeta ha un raggio 1,34 volte quello terrestre ed una massa compresa tra 2,34 e 2,64 masse terrestri. Ruota attorno alla propria stella madre in 112,31 giorni, ad una distanza media di 0,409 unità astronomiche. A quella distanza, è probabile che il pianeta non sia in rotazione sincrona. La probabilità che la composizione dell'esopianeta sia principalmente costituita di roccia e ferro come Venere e la Terra è alta, superiore al 60%. Il pianeta si trova all'interno della zona abitabile della propria stella, persino più vicino al centro della zona abitabile, e il suo *HZD* (*Habitable Zone Distance*) è quindi migliore di quello del nostro pianeta, la cui orbita è più spostata verso il confine interno della zona abitabile del Sole. Per i pianeti scoperti col metodo del transito è stato introdotto un altro indice, l'*HITE* (Habitable Index for Transiting Planets) che dà grande importanza all'eccentricità dell'orbita e all'albedo, la capacità di una superficie di riflettere la luce. Kepler-442 b ha un HITE di 0,836 maggiore di quello della Terra (0,829). Esso dovrebbe avere acqua liquida in superficie. La sua temperatura media dovrebbe essere compresa tra 0 e −50 °C. Tuttavia, essendo più massiccio, è probabile che la sua atmosfera sia più densa, e di conseguenza anche l'effetto serra sia maggiore di quello terrestre, contribuendo all'innalzamento della temperatura planetaria fino ad una temperatura media di 33 °C. Anche con un'atmosfera simile a quella terrestre avrebbe ampie zone della superficie con temperature superiori ai 10 °C. Inoltre, secondo uno studio del 2015, Kepler-442 b ha un grado di abitabilità perfino superiore a quello terrestre (0,836 contro 0,829 della Terra), e a seconda delle condizioni atmosferiche (non ancora note), è il più serio candidato ad essere considerato un *pianeta superabitabile*, ossia un pianeta le cui condizioni per lo sviluppo della vita sono più favorevoli che sulla Terra.

Kepler-62 e (ESI 0,83) orbita attorno alla stella nana arancione Kepler-62. Il pianeta, con un raggio 1,6 volte quello terrestre, è probabilmente una super-Terra con superficie solida, e si trova nella zona abitabile della stella, ove è possibile la presenza di acqua liquida in superficie. Compie un'orbita attorno alla sua stella ogni 122 giorni ad una distanza di 0,427 unità astronomiche, insieme agli altri 4 pianeti confermati del suo sistema stellare. Considerando un'atmosfera simile a quella della Terra la temperatura media dovrebbe essere di +29 °C.

Altri pianeti ruotanti intorno a nane arancioni sono: *Kepler 1544 b*, e *Kepler 283 c*.

Ci sono anche pianeti in sistemi multipli. Ad esempio *Gliese 667* è un sistema stellare multiplo costituito da due stelle di classe K, un po' più fredde del Sole e da una nana rossa. Nel sistema ci sono alcuni pianeti extrasolari tra i quali in zona abitabile conservativa, ci sono *Gliese 667 Cf* (ESI 0,76) che ruota nella *zona abitabile conservativa* intorno alla nana rossa ed avrebbe una temperatura 34 gradi inferiore a quella di equilibrio della Terra. Oltre questo ci sarebbe anche il pianeta *Gliese 667 Ce* (ESI 0,60).

Kepler-296 e (ESI 0,85) è uno dei 5 pianeti che ruota nella *zona abitabile conservativa* intorno alla stella binaria Kepler 296, costituita da una nana arancione ed una rossa. È un pianeta extrasolare di tipo terrestre. Scoperto nel 2014 nell'ambito della missione Kepler è il quarto dei cinque pianeti scoperti nel sistema. È il più piccolo tra i cinque pianeti scoperti, tuttavia mentre inizialmente dai dati del telescopio Kepler. Avrebbe un raggio tra 1,28 e 1,82 raggi terrestri, potrebbe essere quindi un pianeta nano gassoso, senza superficie solida.

Kepler-16 (AB)b non è di molto interesse perché è un pianeta gassoso senza superficie, ma è diventato famoso perché è un pianeta *circum-binario* ossia orbita intorno al sistema binario Kepler 16. Per questo motivo, facendo riferimento alla saga *Guerre stellari*, in cui viene mostrato un doppio tramonto sul pianeta Tatooine, il pianeta è stato ribattezzato Tatooine.

K2-18 b ruota intorno ad una nana rossa ha circa otto volte la massa della Terra con un'orbita di 33 giorni. Nel 2023 K2-18 b è stato osservato con il telescopio spaziale James Webb, il quale ha rivelato la nella sua atmosfera presenza di molecole contenenti carbonio, tra cui metano ed anidride carbonica e forse la molecola dimetil solfuro. L'abbondanza di queste due molecole supportano l'ipotesi che il pianeta possa essere un pianeta oceanico con un'atmosfera ricca di idrogeno. Sulla Terra, la molecola di dimetil solfuro è prodotta solamente dalla vita, specialmente dal fitoplancton. Tuttavia, nel maggio 2024, una serie di simulazioni hanno dimostrato che il segnale relativo al *dimetilsolfuro* è altamente sovrapposto a quello del metano e la distinzione tra metano e dimetilsolfuro va oltre la capacità del telescopio spaziale James Webb.

GPSR Compliance

The European Union's (EU) General Product Safety Regulation (GPSR) is a set of rules that requires consumer products to be safe and our obligations to ensure this.

If you have any concerns about our products, you can contact us on

ProductSafety@springernature.com

In case Publisher is established outside the EU, the EU authorized representative is:

Springer Nature Customer Service Center GmbH
Europaplatz 3
69115 Heidelberg, Germany

www.ingramcontent.com/pod-product-compliance
Lightning Source LLC
LaVergne TN
LVHW010342260326
834688LV00036B/845